格　局

王长江 / 编著

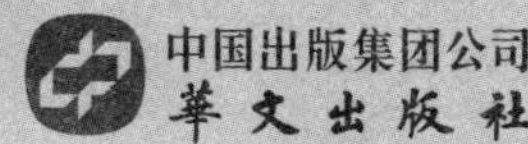

图书在版编目（CIP）数据

格局 / 王长江编著. -- 北京 : 华文出版社,
2019.5（2021.4重印）

ISBN 978-7-5075-5012-2

Ⅰ. ①格… Ⅱ. ①王… Ⅲ. ①成功心理–通俗读物
Ⅳ. ①B848.4-49

中国版本图书馆CIP数据核字（2018）第251284号

格局
Géjú

作　　者：王长江
责任编辑：戴明敏　杨艳丽　王晓冰
出版发行：华文出版社
地　　址：北京市西城区广外大街305号8区2号楼
邮政编码：100055
网　　址：http://www.hwcbs.com.cn
电　　话：总编室：010-58336210　编辑部：010-63426125
　　　　　发行部：010-58336253　58336202
经　　销：新华书店
印　　刷：北京玺诚印务有限公司
开　　本：710 × 1000　1/16
印　　张：15
字　　数：180千字
版　　次：2019年5月第1版
印　　次：2021年4月第2次印刷
标准书号：978-7-5075-5012-2
定　　价：45.00元

前言
Preface

什么是格局？简单来说，就是一个人的胸襟和眼界。一个心里装着格局的人，会懂得审时度势，深谙如何气定神闲地布局，并且能够跳出个人视角，去审视和处理各种繁杂的人和事，然后获得成功。

本书从职场新人、中层领导、企业老板三个角度入手，从思想意识到具体行动再到检验标准，多角度地阐释了格局的重要性和必要性。

比如初入职场，想要拥有大格局，我们就应该着眼长远，把目标定得高一些、责任看得重一些、努力做得好一些，才能把成功的机会抓得稳一些。而要做到这些，就需要我们拥有远大的志向和坚持不懈的竞争精神。不计较眼前的利益得失，为了长远利益的实现，要有魄力放弃眼前的利益，以一些微小的牺牲换取长远的健康发展，这在任何时候都是正确的。

当然，既然要着眼于长远，我们就需要具备承受委屈的能力，便于快速走出“蘑菇期”。就像培育蘑菇需要浇上大粪一样，身为职场新人的我们，常常也会被置于阴暗的角落，不受重视或打杂跑腿，接受各种无端的批评、指责、代人受过，也得不到必要的指导和提携。但当我们挺过这个时间段后，那些不切实际的幻想就会被消除，也能更快地适应社会，沉下心来，变得脚踏实地，并逐渐成长起来。

当我们一步一个脚印地晋升到中层位置后，同样会由自身的格局决定未来的发展。比如我们需要学会容人，宽容异己，大度用人，是帮助我们赢得人心，并立于不败之地的重要因素。而在这个过程中，无论是容人之长，还是容人之绩，都是非常必要的。

之所以要容人之长，是因为每个人都有自己的长处和优势，甚至对方在某些方面还会超越身为上司的我们。但一个有大格局的领导就要勇于承认别人的长处，并敢于面对这种现实带来的挑战，以此为动力，方能不断进步。而容人之绩，则是当下属在自己的工作岗位上干出成绩后，我们理当对其进行肯定和激励，而不是想方设法地扼杀别人的功劳。

身为领导，我们不仅要容人，还要能从善如流，乐于接受别人的正确意见，方能体现自身的胸襟和气度。毕竟人无完人，在工作和职业发展的道路上，出现过错或不足在所难免，其关键在于如何去面对问题、发现问题以及解决问题。是遇到问题绕着走，还是直面难题想方设法去破解，更是直接考验着我们的修养与胆识、工作的能力与水平。正因为如此，我们才需要在工作时善于听取意见，敢于自我批评，主动放下“面子”，方能赢得主动。

所谓“心有多大，梦想就有多大；格局有多大，成功就有多大”。之所以发生“同人不同命”的结局，不过是局限于一个人格局的大小。有大格局的人，能够体会到“会当凌绝顶，一览众山小”的喜悦，而一个格局小的人，却只能发出“瞻题蕴精奥，守位重仔肩”的感慨。所以，我们要想取得成功，成为令人羡慕的老板，就要懂得为自己确立一个具有大格局的梦想。

对老板来说，梦想是一种动力，一种精神，一种坚持不懈的支撑力。就像苹果教父乔布斯所说的：“活着就为了改变世界，不然还能为了什么呢？”

而乔布斯自苹果诞生之日起，就有改变世界的梦想，让人敬佩的是，他最终实现了。所以，老板首先要有一个梦想，哪怕这个梦想很不切实际，但只要我们对这个梦想有信心，并能长久地坚持下去，就有实现梦想的可能。

另外，一个有大格局的老板还必须要有全球化视野。而这个全球化，不仅仅是市场的全球化，也不仅仅是产品服务的全球化，还有技术上的全球化。尤其是在如今技术雪崩、信息大爆炸的时代，老板要有全球化的视野，不断加强自身的全球化战略思维，才能跟上时代的步伐。

所谓“格局决定成败”，一个人拥有什么样的格局就有什么样的结局。比如身边的一些人，他们很多时候只关注身边的小事，格局小，说话自然容易沦落到小气的境地。小有成就的商人和小头领，会在聊最新的股市时仍不忘夸夸其谈，比较短视，格局有限，说出的话就少了大气，成就也是中等；领导者和高官，他们的眼界在全局和发展上，胸襟宽广、格局大，所以说话大气，成就也就更大。

眼界和心胸的大小，将决定一个人的生存空间和发展舞台的大小。简而言之，想要有大发展，就要有大格局。

目 Contents 录

上篇　初入职场，格局决定未来

中篇　晋升中层，格局决定舞台

上　篇

初入职场，格局决定未来

第一章 着眼长远，不计较眼前的利益得失

1. 挑工作：兼顾眼前与长远

找工作是我们进入社会的第一步，很多人不懂得兼顾眼前利益与未来长远的发展，在找工作时，一看对方给的工资待遇高或者工作内容很轻松，就立即选择这个工作，丝毫不考虑这个公司发展前景如何，自己是否对这个行业感兴趣；也有人只想着自己未来怎么怎么样，却不考虑公司离家太远，工资待遇低于平均水平的问题，因而工作做几年不是失去了热情就是迷失了自己。

可能大家会觉得眼前的利益与长远的发展是相互矛盾的，必须有所舍弃，但其实不然。做好功课，兼顾眼前与长远未必是不可能的事。

杨晓东是个刚毕业的大学生，正在四处找工作，由于他把工资高低放在了第一位，因而错失了很多工作机会。在一次面试时，他看到了一个年龄比他大的人，也在等待面试。面试结束后，他主动问询：“这工作一般都是应届生来面试的，您怎么想到换这类工作呀？”

那人微微一笑，道：“我在刚毕业时进了一家待遇很高的制造业公司，工作也不太累，可五年过去了，企业越来越没活力。我估计再过几年，不等我辞职，我就先下岗了。”杨晓东听了摇摇脑袋说道：“可现在面试的这家互联网公司给的待遇不高呀，您真的要去吗？”对方回答：“时代在发展，我也得向前看，我

已经吃过只看眼前利益的亏了。你最好把眼前和长远兼顾起来看，不要像我，都工作五年了又重新开始。”

杨晓东听后，不再说话，默默沉思良久。后来，他接到了这家互联网公司的入职通知，他不再纠结待遇问题，便进了这家公司。

很多人在找工作的时候，往往过于看重眼前的利益，这样就容易造成眼光的局限，无法对自己未来的发展做出明确的规划。在我们选择工作时，必须明确自己要的是什么，并为此而努力，切不可为了眼前的利益而误了长远的利益。为某个目标而努力时，一定要牢牢树立为这个目标努力的原则，将眼前的可利用的、有利于长期发展的利益不断深化，渐渐转化成长远的利益。

同时，处理好眼前的利益，也是为了长远的利益。眼前的利益要辩证地看待。我们也要生活，活在当下，就应为当下的自己考虑。因此我们在找工作时，对眼前利益的取舍一定要实事求是，根据自己的能力去选取最合适的。

王洋还在学校准备毕业论文时，就得知自己的几个室友都顺利签了公司，羡慕之余，他也没着急自己的未来。看着同学们一个个挤破了头似的往名企投简历，他却在认真考虑国内哪个城市、哪块区域最有发展前途，不局限于自己的家乡和上学的地方。

选定了某个一线城市后，他结合自己的实际情况选出几个公司作为实习的对象，投出了简历。他先后在两个公司做实习生，一边锻炼自己，一边对公司和从事行业的前景进行综合考察。

等到正式从学校毕业后，他已明确了自己最适合的行业方向，以及该行业最有发展前途的地区和公司。因为拥有丰富的实习经历，他顺利进入了心仪的公司。两年后的同学聚会，当大家都还在不情不愿地上班时，他已经是公司某部门的中层领导了。

我们做了那么多年学生，终于等来毕业，总会不自觉地产生一种急切地想进入社会的心理，同时大家都是刚毕业的学生，彼此之间会暗自比较，一旦有人确定了工作，剩下的人很容易慌不择路，毕业挑工作，往往演变成了自己挣面子的工具。挑工作一旦背弃了初心，我们便不能理智、清醒地去考虑未来，找到的工作往往不适合自己，或者没有什么发展前途。

刚刚毕业，正是人生真正开始的阶段，在这个阶段我们做的一切选择，都将关系到我们未来几十年的前程，所以决不能急躁，更不能只看一时的得失。我们要先把眼光放长远，沉下心来给自己做个评估，再结合实习情况，制订出一份长远的职业规划。

眼前的利益和长远的发展对普通择业者来说，确实是不可规避的矛盾点。但二者绝对不是不可调和的，我们应正视二者的矛盾，摆正自己的位置，用我们的智慧，挑选出真正适合我们、又具有长远发展前途的工作。

2. 做点额外的工作，不吃亏

现今的职场上，很多人都保持着一副高高挂起的姿态，不是规定范围内的事情，一概忽略。在他们眼里，做额外的工作不过是在白费力气，不如守好眼前的一亩三分地。其实，沉下心来做些额外的工作，日积月累，结果总是利大于弊的。

王嘉嘉毕业后和三位同学一起在一家公司实习，实习期临近结束时，只有王嘉嘉被公司直接聘用了，她的三位同学认为不公平，便去找老板询问原因。

老板告诉他们："我有次出差刚回来，走到公司大楼外时，碰见你们几个外出做任务回来，你们一下车就很轻松地结伴走在前面，只有王嘉嘉留在后面帮司机把公司的几个大设备运到了办公室。就是这一幕给我留下了很深的印象。你们没做错什么，公司的确不需要你们去抬设备，但王嘉嘉却能主动去做这些事，我觉得很难得。"

这世上的事情，大多都是公平的，尤其在职场上，你多干的同时，你也正在多得。那些多干了点不起眼的事情，便觉得自己失去了很多机会的人，往往是浮躁的、肤浅的、按捺不住性子的。在职场上，有不少人都缺少眼力去发现这个“得”，只把注意力集中在了“多干”上，这就是一种短视行为。

而具有长远眼光的员工总能从那些额外的工作中看到自己的机会。比如当老板点名要我们加班的时候，我们不妨想想，自己完全可以趁机熟悉业务，或者增加和老板单独交流的机会，让他加深对自己的印象。因为当我们加班时，办公室的人不会太多，这时的我们肯定会比平时更引人注意，能获得更多的表现机会。

如此一来，我们既在老板面前小露一手，还能给和自己一起加班的同事留下一个不怕吃亏的印象，从而增加了亲和度，这对于我们的人际交往应该是件好事。

陆辰是一家知名公司的小职员，他喜欢绘画，画得也挺好，无论他签什么账单，都会在账单的一角简单描绘出公司的商标和名称。哪怕和朋友聚餐，他也会在付款时留下自己公司的商标，有时还会做一个小小的产品推荐。

慢慢地，这件事传遍了整个公司，连老总都知道了。老总开始留意这个小职员的情况，发现他工作起来总是很有激情。后来，在他的上司离职后，陆辰便被提拔了上来。

一个积极上进的人不该只是一味地等待被人发掘，首先我们必须要自己发光发亮，对于一个有能力有热情的人来说，任何所谓的额外“琐事”都可以成为他的发光点，或许哪天就真的成了他升职的起点。

也许大家也都明白这个道理，但要落到自己身上，又常常不知所措，下面从几个方面给大家讲讲如何去做点额外的工作。

稳下心，沉住气

若被上司指派去做些额外的工作，你要做的第一件事，就是把自己的心立刻收回来，让它沉到肚子里去。既然是在工作，就一心只为工作，面对突发的任务能快速进入状态是一个职业人员应有的素养。此外，稳住自己的心，也能帮助自己去对抗消极情绪的滋长，保证一个好的工作状态。

在工作中保持一个沉静的状态，还会有利于我们开发自己主动去做额外事情的能力，因为越是能沉住气，你就越能发现自己可做的事情、自己需要做的事情还有很多，这些事情坚持下来，你个人的能力和品质将得到很大提升，甚至是质的飞跃。

正确划分标准

其实在工作中，有些事你能看到的只是表面上的无聊和无用，它的本质往往另有乾坤。我们会习惯于区分什么是本职工作，什么是额外工作，然后在区分好的基础上进行选择和实施，这确实是有必要的，只不过你要保证你的区分是否全面、具体和正确。对于你定位的额外工作，如果觉得对公司有利，不防去多做点，一定不会吃亏。

额外的工作，也要认真去做

有时候，哪怕我们躲着各种额外的工作，它也会找上门来。我们常说“既来之，则安之”，既然躲不掉，就安安心心地把它做好。因此我们在面对额外的工作时，要保持认真的态度，愉快地把它做好。

请记住，在职场上不计较多做事的人，才可能获得更多的机会，不要一味地在乎眼前的得失，心胸狭隘的人很容易失去机会，难以获得重用。在工作中，该做点额外的事时，就一定要去做。

3. 起点低不可怕，只要你做好职业规划

起点低不可怕，至少我们还有时间可以奋斗。而做好职业规划可以帮助我们有效利用时间，从低起点爬到高位置。时间有限，越早规划自己的人生，我们就能越早成功。

谭明刚毕业找工作时，因为自身并不出众，只进了一家普通的公司做小职员。在一次同学聚会上得知同学们大多都进了大公司或事业单位，谭明很受触动。

回到工作岗位上的他，因为内心不平静而无法专心工作。他的上级领导观察到他迷茫又焦虑的情绪后，约他聊天，“能说说你的职业规划吗？第一年的目标是什么？”这一问把他问住了，原来他从没考虑过这些。领导给他三天时间，让他做一份未来五年的职业规划。

他通过网上查找资料，又去找自己的老师交流，最终给自己定下了一个较详细的职业规划。在自我规划中，他静下心来，明确了自己心里的方向，很快在工作上做出了成绩。

后来他的上级领导升职，把他也带到新的部门，薪水也涨了几倍。

曾有人说过：“有什么样的规划就有什么样的人生。”想让自己的人生有什么改变，先为它找到改变的方向，然后朝着此方向做好自己的职业生涯规划。

做自己的职业策划师，为未来制订中长期发展计划，说来简单，但少有人能真正做到。

我们都见过青蛙在荷叶上面的起跳。有的青蛙总可以准确地跳落到邻近且挺实的叶面上，因为它们不光掌握了最快的速度，还有明确的目标。

我们在职场上也应如此，为自己铺设职业之路时，需要科学地选择和设定自己的目标顺序。一方面注意寻找新的目标，另一方面不断积累阅历，职业规划不是做一次计划就完事，而是通过实现一个又一个阶段性目标，逐步地实现最后的梦想。

日本著名企业家井上富雄先生，在25岁时立下了未来25年的职业生涯计划。此后，他每年都会为自己制订新的计划、追加新的努力目标。

当他还是小小的办事员时，就开始学习科长应具有的能力，当经理时就再进一步学习胜任总经理的能力。他30岁当上经理，40岁做了总经理，升迁比别人快得多。47岁开始独立经营自己的公司，成为后生们学习的楷模。

他在总结自己时说："并不是我脑筋特别好或者善于走后门，我只不过会从现实出发，拟定适合自己的职业生涯计划，并且一步步前进去实现它！"

其实在制订规划并实施的过程中，我们能体会到，职业规划的本质不是规划职业，而是在规划能力。你为自己设定的每一阶段的目标，都需要相当的能力去匹配，因此我们应是一边规划一边学习，不断地充实完善自己。

关于如何设定自己的职业规划，这涉及一个人的方方面面，我们可以咨询专业的规划师，也可以自己去详细制订。

明确你真正向往的方向

没有方向，做事便像无头苍蝇。方向不对，越努力就越困惑。因此在制订自己的职业规划时，务必明确自己内心真正想到达的高度，自己真正想要的是什么。在寻找方向时，千万警惕虚假的"梦想"，比如临时起意的想法、身边人都在追求的目标等，这些没有触及自己内心的"梦想"，都不足以支撑我们未来漫长的辛苦和付出。

划分好大的阶段

虽说如今世界瞬息万变，计划永远赶不上变化，但职业生涯里大的阶段一定有划分的必要。因为我们需要进步，要明确自己在25岁、30岁、40岁时应该到达怎样一个高度。自身起点低就更需要做阶段性的划分，帮助自己树立信心。

在职场中，我们的第一份工作就是起点，第一次晋升管理岗位会让我们跳脱到新的层次，而在30岁之后跳槽，意味着我们将面临人生岔道的新选择。分好大的阶段，然后在阶段内做好应做的事。

更新规划

在做职业规划的时候，我们要把自己置身于时代变革和时代发展趋势的大环境下，脱离了时代就等于被时代抛弃，那样做出的规划就是滞后的、无效的。当今是移动互联网时代，这个时代的一个显著特点就是，我们制订的所有长期计划都有无法实现的可能，因此要时常更新自己的职业规划，灵活应对时代发展。

我们刚刚进入社会，进入职场，最怕将眼光局限于一时的自己。为了自己将来长远的发展，也为了更好地消除我们对低起点的恐惧，认真详细地制订一份职业发展规划，十分必要。

4. 不怕被利用，被利用总比被丢弃强

很多初入职场的人，都喜欢抱怨公司缺乏人情味，老板只会利用员工来榨取剩余价值，同事之间也尽是互相利用。但其实，这才是职场人际关系的常态。能够被利用，说明我们有价值，有赖以获得回报的资本，这才是最能体现我们自身“议价能力”的标志。而一个没有任何利用价值的员工，就好像股票市场上的垃圾股一样，没有人敢接盘。

陈强在一家酒店工作，参与酒店管理系统的研发和维修。酒店负责安保的主管经常找到陈强，和他称兄道弟，然后请陈强帮他处理一下技术上的漏洞。陈强也没多想，每次都认真帮忙修护。

后来，在一次紧急事故中，因为安保部门技术严密，没有给酒店造成实质性

损失，得到了上级的特别奖励。陈强的同事知道是陈强的功劳，便对他说："你是被人利用了，人家一个字都没提起你，把功劳全揽自己身上了。"陈强也越想越生气，和安保主管直接闹翻了。

这一闹，他在酒店渐渐成了孤家寡人，因为陈强对自己工作外的求助一概拒绝，久而久之，各部门间有合作也没人叫他。没有了在其他部门的实践经验，他研发的系统也开始出错，慢慢地不再受到重用，被领导嫌弃。

我们都不喜欢被人利用，但这不妨碍我们去努力成为一个有"利用价值"的人，因为进入社会之后，我们的大部分人脉都基于利益交换关系。在职场，我们越有利用价值，说明我们的能力就越大。只有一无是处的人，别人才不会去利用。

因此，进入职场的我们，要学着把胸怀放开，别人在利用我们时，我们又何尝不是在利用别人。毕竟，"等价交换"才是职场人际关系的根本，是构建和维系庞大人脉资源的基础。而那些还没有认清这一点的人，要么没吃过亏，要么脑子还没转过弯。

在职场中，老板通过下属的优秀表现来提升自己的声望和绩效，下属则通过为老板做事来获得向上晋升的机会和通道。这是职场人际交往中的等价交换，下属用努力工作来换取老板的上层资源。

同事之间同样如此，虽然大家没有摊在台面上明说，但彼此心知肚明。今天你帮我，下次我就会帮你。长此以往，互相的工作信任才会建立。换言之，职场上的关系都是建立在互惠互利的基础之上，人情债才是维系彼此联系的关键。

认清楚了这一点，我们就需要把目光聚焦在如何提升自己"可被利用的价值"上。被利用，并不是什么丧失尊严的事情。相反这是自我定位清晰，懂得把自己放在正确的位置上，然后一步一个脚印去提高自己的表现。把可利用价值变成可交换价值，再把可交换价值变成稀缺性价值。

李媛媛刚进入公司时，只是一个普通的文员。老员工总爱让她帮忙去楼下买咖啡、订午餐。李媛媛没说什么，只管去做。

后来，李媛媛做出了成绩，没人再叫她买咖啡了，开始请她帮忙做一下计划书之类的文件，这时候李媛媛提出，做计划书可以，但对方要帮她整理一部分客户信息，对方欣然答允。

再后来，李媛媛做了行政主管，领导不时要她加班开会，她以自己的工作为由，向领导提出加班补助，领导也觉得可以接受。因为这时她有了资本。

职场的利用，我们不喜欢但也不要断然拒绝，你可以通过自己的努力，让被利用变成互相利用，让无偿的额外劳动变成有偿。俗话说，兵来将挡，水来土掩，我们可以换个方式去接受它，甚至改变它，但是不要贸然去拒绝它。因为在职场上拒绝被利用，除非我们已经坐到很高的位置上，否则只会面临被抛弃的后果。

当然，我们也要学着在被利用时尽量规避风险。因为有时候职场上的利用也分外危险。

超过工作范围的利用需谨慎

在工作范围内的互相利用，一般没有关系，但若超出了这个范围，就要警惕。工作结束后，就尽量不和同事有生活、财物上的牵扯。

涉及法律、政治方面的事务要学会拒绝

我们一定要加强政治敏感度，还要知法守法，平时多看新闻，提高警惕，才能避免别有用心的人利用我们做不良勾当。

被利用也要适可而止

在职场，被利用没关系，但要勇于拒绝别人对你无休无止的利用。长期的被利用，是在透支我们的能力，加重我们的工作负担和心理压力。因此，一定要学会拒绝有害无益的利用关系。

职场生活，需要我们打破内心的束缚，接受利益化的现实。被利用没关系，只要我们心中有尺度，同时不断提升自己的价值，让自己即使被利用也是有条件地被利用。

5. 第一份工作做什么并不重要，关键是脚踏实地

同样的一份工作，换不同的人来做，结果是不同的。关键就在于做事的方式，脚踏实地做事的人看似笨拙，然而一步一个脚印，总能完成任务。而善于投机取巧的人，却时常在实际中栽跟头，反而白费工夫。“人生的每一步路都是要用脚来丈量的。”

黄萧媛和李华一前一后进入了同一家公司，因为同是新人，两人被分配到一起做一个项目的工作。工作内容十分枯燥无聊，需要她们去仓库吹气球，再把气球粘在会场的墙上。黄萧媛做事只有三分钟热度，经常做一会儿就找借口去休息，或者干脆请假不来。

李华却能脚踏实地地把气球一个一个地粘好，还别出心裁地布置成很多花型。因为黄萧媛经常偷懒，会场的气球几乎全是她负责的。汇报工作时，没等李华开口，黄萧媛就主动邀功，丝毫不提李华做出的贡献。领导早把这一切看到了眼里，问她：“这次会场布置用了多少气球？”黄萧媛支支吾吾地说不上来，这时李华回答道：“会场用了大约 600 多个气球吧。”

这下黄萧媛没话说了，领导表扬了李华，并让她负责新的项目。黄萧媛则受到了公司的冷淡对待。

很多人在初入职场时，爱耍一些小聪明，以为别人发现不了。其实，职场上真正聪明的人，恰恰是懂得脚踏实地地走好每一步的人，成绩这种东西最不

会欺骗人。我们付出到位了，成绩自然就做出来了。而花心思投机取巧的人，自然就做不出来成绩。

另外，脚踏实地还涉及一个方面，就是不要好高骛远。专注当下，从我们能力所及的地方出发，不要操之过急。

剑桥大学有一个学法律的高材生，他毕业时正逢国内经济不景气，当时大学生就业相当困难。为了解决生计问题，他决定去一家规模较小的出租车公司应聘，结果遭到班上同学的耻笑："我们是剑桥大学的毕业生，怎能去做那样低贱的工作，太没面子了。"

就这样，班上的其他同学都找到了不错的工作，只有他一人成了出租车司机。后来，他却当了老板，成立了一家拥有一千多辆汽车的公司，资产达上亿美元。而那些曾经嘲笑过他的同学，仍然是普通的白领。

众所周知，现在大学生包括研究生就业难。在这种情况下，如果我们不从基层做起、从小事做起，做一个脚踏实地的人，我们的人生之路就会难上加难。脚踏实地能让我们放下身段，从低处做起，从一点一滴的小事做起，不要小看了这些平凡的事务，只有把简单的事做好了，才会有机会去做更难的事。

在生活中、工作上脚踏实地非常重要，那么具体怎样做才能帮助我们脚踏实地呢？以下提出几点建议。

为自己制订具体可行的小计划

当我们坐在办公桌前，面对着今天要做的事情：打印多少份资料、完成几张制图、递交总结报告……给这些细小琐碎的任务列个计划，有步骤地执行，不遗漏，不出错，就是在脚踏实地地工作。

保持谦虚的心态

很多人做不到脚踏实地，是因为他但凡做出了一点儿成绩，就开始有点儿飘。因此，在日常的工作生活中保持谦虚好学的心态非常重要，好的心态会让我们懂得适可而止，不忘初心，脚踏实地地走好每一步。

专注于自己的工作

很多初入职场的新人，工作一段时间就开始焦虑，原因在于他们总是想得太多而做得太少。很多人妄想着自己要爬多高，赚多少钱，殊不知，没有实干的想法只是在给自己增添烦恼。因此，我们要记住：在工作时心无旁骛，是我们保证工作质量的必要条件，想脚踏实地地走好每一步，就要学会在工作中保持专注。

实事求是

有的人踏踏实实做了一周事，交任务时才发现自己的成品根本不符合市场的要求，早已偏离了方向，导致一周辛苦白费。这就不能称之为脚踏实地，因为脚踏实地走出来的每一步都应是掷地有声的、有价值的。因此，我们务必要让自己所做的每一项工作都落到实处。

我们普遍把第一份工作看得很重要，以为工作找好便可万事大吉。殊不知，真正起作用的是我们在工作中所做的点点滴滴。所以，第一份工作做什么并不重要，关键在于我们能否脚踏实地地工作！

6. 不论是在大公司还是小公司，重要的是要长真本事

毕业了，我们挤破头皮都想去大公司，因为大公司能提供良好的待遇，有更规范的管理，会提供系统的培训。另外，大公司还有气派的办公大楼、免费的咖啡果汁等，在那儿工作不仅舒心，更有面子。而小公司，待遇有可能不稳定，管理也不规范，办公地点还可能隐藏在不显眼的居民楼，或者商住两用的办公楼里，办公空间跟网吧一样，只提供免费的白开水，让自己都不好意思说出去。

这大概是毕业生在选择工作之前的常见心理。其实，对于职场新人来说，选择什么样的公司很重要，但更重要的是，我们能否在工作中学到真本事。掌握了真本事，放之四海皆可去；如果什么本事也没学到，那我们在哪儿也出息不了。

有的人总是把问题都归结于工作环境上，认为进入大公司就意味着前途光明，去一家小公司就没有什么发展。其实去大公司也好，小公司也罢，重要的是要保证学到东西，让自己实现增值。

如果我们选择的是大公司，那么我们该在这里学习什么呢？

大公司因为有着完善的管理体系，制度规范，对于刚毕业的学生来说，如果觉得自己人际交往能力弱而想提升，在大公司中可以有很多机会学习职场处世哲学。

学习规范的系统流程。也许有些人会觉得大公司流程太复杂、太慢，需要协调的职能太多。但我们一定要记住，存在的都有一定的合理性——在这些大公司，任何系统流程都是经过多人多年的验证、妥协才沉淀下来的，都是为解决或预防特定的问题而存在。我们要先了解这些东西为什么会存在，即使表面上很愚昧的东西，都先假定其合理性，只有理解了合理性，才有可能真正改进。

除了在大公司学专业外，大公司里还可学的就是管理。所谓管理，其实是

确保不要把事情做砸了，尤其是大公司。管理有两个要素：计划和控制。不管是计划，还是控制，都是在应对那些可能出现的极端因素，确保一件事能做好。大公司的管理，能把众多的人聚合在一起，做出稍微高于平均水平的事来。虽说平庸，也能学到很多在小公司学不到的东西。

想想看，光是把那么多的人聚合在一起，还要保证1+1>2，就是件不容易的事。企业之所以能长大，是因为增加人、增加产品的边际效益为正。等到边际效益为负时，企业就不再增长。维持边际效益为正，需要很多管理工作。身在大公司，给我们很好的机会观摩、领会怎么做管理，也给我们犯错误的机会。因为大公司有能力承担我们犯错误，这往往是小公司不具备的。

所以对于需要利用人脉、客户资源，需要强有力的团队的工作来说，大公司相对小公司来说有着更明显的优势，更有利于初入职场的人镀金。同样，大公司也必须是一个企业内涵丰富而健康、团队凝聚力强的公司。

如果我们工作的单位是一家小公司，那么我们又该如何提升自己呢?

小公司更能磨炼一个人的能力，包括创造力、决策力、解决问题的能力、承担风险和压力的能力以及组织协调能力。小公司里，因为人手少，你可以独立操盘一个项目，可以做多面手，但前提是我们有能力承担。

在小公司，可以把更多的精力投入到工作中，专心做事。对于一个有冲劲、敢闯敢拼的人来说是很好的选择。

但以上的优势都是基于，小公司必须是一个发展良好的团队；老板自己必须是一个能独当一面、会用人和惜人的人；而且公司所从事的工作最好是靠创造力来成长的，不然会因为资源缺乏、制度不完善等原因而停滞不前。

无论毕业后选择了大公司还是小公司，要想长真本事，就必须不断地学习新的知识。书本上的要学，实践更要学，只有常备一颗上进心，工作才能取得理想的成绩，才能实现更完美的目标。

就像教育家奥文·托佛勒所说的：“在这个伟大的时代，文盲不是不能读和写的人，而是不能学、无法抛弃陋习和不愿重新再学的人。”真正善于学习和工作的人，一定是那些随时随地注意观察，吸收各种可能的、潜在的信息的人，他们拥有世界上最具活力与潜能的大脑，因为他们都如此地重视学习！

另外，我们还要记住：学习不是模仿。因此，在学习的过程中，一定要结合自己的实际情况，知识、专业、经验与社会阅历都要考虑进去，切勿简单模仿，弄巧成拙。

等学到东西，感觉自己强大了，如果在大公司没发展了，那好，赶紧跳槽；如果是在小公司，还有上升的空间，可以为公司创造更大的价值，未来还有上升空间，那就接着在小公司干。唯一的目标就是让自己有目的、有发展、有收获地度过每一天，而不要因为进入的是大公司，就贪图安稳、不思进取，更不要因为所待的是小公司，就消极怠工，整日抱怨。

7. 职场新人不要太着急显示才华

一些初入职场的新人，初生牛犊不怕虎，认为自己学历高、脑子聪明，就在一些公共场合大肆地炫耀自己，生怕别人不知道自己有多少能耐。

太急于显露自己的才能和实力，不仅会给人自高自大的印象，更会使你过早地成为他人的竞争对手，倘若你没有厚积薄发的底牌，很容易成为强弩之末，那只有被人嗤之以鼻，逐出场外。

孙霁明是个职场新人，非常想让自己的实力得到认可，一进公司他就开始寻找各种机会展现自己的才华。很快公司接到一个新的业务，安排孙霁明所在的部门提供出完整方案。

部门的成员们立即忙活起来，制订出好几份方案递交给了客户。孙霁明在参与部门协作时，自己又另找时间独立制作出一套方案，后来团队交出的方案都被退了回来，他便把自己的方案递交了过去，结果被客户选中，因此得到了公司大领导的单独表扬。

但很快孙霁明就发现自己在部门待不下去了，同事们做新任务不带他，老员工更是对自己爱答不理。他向自己的直属上司反映此事，上司却不予回应。

孙霁明感到自己得罪了整个部门，便找到一位同事，再三追问，这同事才说："你有能力我们都知道，可也不用非得要我们衬托你吧，大家一起合作的方案你不出力，自己的方案倒是做得卖力。有意思吗！"他这才恍然大悟，自己是犯了众怒了。

俗话说"枪打出头鸟"。在职场上，锋芒毕露不是一件好事。喜欢显示自己聪明的人，可能会让别人一时对你刮目相看，但是职场道路那么长，我们不可能永远都是那个出风头的人，最后黔驴技穷，倒霉的只会是你自己。

急于展现自己的才华，很容易把自己定位在一个比较高的层次上，从而容易心高气傲，不去脚踏实地地做事。急于展现自己的才华，会让别人以为我们急于升迁。一旦被扣上有野心的帽子，别人便会忌惮我们，从而疏远我们，甚至为难我们。

看看四周，那些有成就的人，往往是温和的、没有棱角的，不管是在言语上还是行动上，总是不温不火，沉稳冷静。这些人表面看上去没有什么特别之处，但是细心观察就会发现，他们的才能完全在你之上。

他们这么有能力，却不肯锋芒毕露，宁愿隐藏自己，为什么呢？这是因为他们才是职场上真正的聪明人，他们心里有所顾忌。锋芒毕露会招来别人的注意，也会招来别人的妒忌。有些妒忌无伤大雅，有些妒忌却有可能成为你职场上的绊脚石。试想，如果我们的四周全都是那些想要把你拉下水的人，那还谈什么职业前途？

在职场上，能力并不是决定成败的唯一因素，还包括人际关系与性格特点，要对自己周围的环境综合衡量，再决定自己要用什么方式去适应职场。

王恒毕业于一所名牌大学。还在学校时，他就觉得自己能力超群，常常目中无人。毕业后他进了一家很有实力的公司，在公司里更是目空一切，无所顾忌。

他瞧不起自己的同事，总觉得他们没有什么理想。在他的眼里，自己有胸襟有抱负，常常不屑与其他人为伍。他在工作的时候，也总是自以为是，不顾及团队的合作，总想要自己出风头。上司和同事很快发现了他的这种“毛病”，在一次会议上，上司狠狠地批评了王恒。王恒心里不服，认定上司也是见不得自己“好”的人。

后来，王恒变本加厉，连上司的风头也抢，对领导也是出言不逊，终于所有人都忍受不了他，上司也迅速找了个借口，将他解雇了。直到被解雇，王恒仍然不知道为什么会遭到如此待遇。

人有才华、有能力，本来是好事。但是恃才傲物，不知职场险恶，不知社会规则，最终只能像王恒一样，面临被解雇的境地。要想在职场上走得更远，就要懂得藏拙。

有些人可能让我们觉得胸无大志、毫无能力，但他们最后却成就了自己的事业。有些人一开始的时候才华横溢、锋芒毕露，最后却一事无成。职场是一个需要“隐藏”锋芒的地方，很多时候，笨拙和聪明，往往不是我们表面上看到的那么简单。

在职场中，别人看到的往往不是我们的成就，而是我们的缺陷。可能我们努力了很久，但是一个缺陷就将我们的努力全部抹杀。不要以为只要做出了成绩，就万无一失了。那种不顾及别人想法、不计后果的成绩，只会让我们的职场道路越走越窄，到最后无路可走。

8. 频繁换工作的人，是不会受欢迎的

想升职加薪，但现在的公司好像机会不大，换工作！工作环境不好，上司、同事也难以相处，换工作！工作内容枯燥乏味，自己毫无兴趣，换工作……

很多职场人换工作就像家常便饭一般，只要在这家公司感觉不合适，就会像无头苍蝇似的在职场上四处乱撞，总觉得下一家公司会更好。结果换了很多职业，却只迎来了青春的逝去和身价的不断下跌。这时，职业危机就会变成我们必须迈过去的一道坎儿，否则职业生涯就会进入死胡同。

王欣欣已经工作了 5 个年头，先后做过保险代理人、市场销售、广告策划等 10 多个工作。

频繁更换工作的结果就是，不论体力还是脑力，都让她有些力不从心。最近，她对工作又有了新的想法，希望自己能从事人事方面的工作。结果简历发出了无数份，有回音的公司却只有三四家。

像王欣欣这种典型的“职场打工”人士，总会因为工作业务的繁忙，而忽视自身职业能力的提升。其结果就是，永远无法在一个专业领域里持续发展，频繁地更换工作更使他们毫无专业竞争力可言，从而使自己陷入失业的困境。

另外，职场调查显示：有43%的企业认为，换过7份工作以上的人忠诚度太差，而不愿意录用；28%的企业认为，换过5～6份工作的人忠诚度同样不够，也不太愿意录用。

因此，有职场咨询专家表示，一个踏入职场5年左右的上班族，换工作的次数，最好不要超过5次，否则就会给自己的职业生涯带来负面影响，所以说，一个频繁更换工作的人，是短浅的、没有大局观的，在职场上也是不受欢迎的。

赵娜娜毕业于某财经大学金融专业，为了更容易地找到工作，她在大学期间学了小语种，还考取了保险代理人、会计从业资格、普通话、驾照等多种证书。

毕业后，她先是在一家私企从事会计工作，结果还不到三个月，就因为工资太低、福利待遇不好，而跳槽到保险公司当保险推销员。结果还不到两个月，她又因没有业绩而被公司淘汰了。

在之后的一年里，赵娜娜做过理财顾问、电话销售、前台接待、部门助理等不同类型的工作，却没有一份工作能让她满意，每份工作她都干不长。结果是赵娜娜始终没有找到一份既稳定又满意的工作。而她也发现，随着毕业时间越来越长，工作也越来越难找了。

回头想想，自己若是把第一份工作干好，现在的情况也许会大不一样吧。但现在说什么都晚了，抱着一大堆证书，却什么用也没有，真是心酸异常。

一个职场人如果频繁更换自己的工作，将会产生许多不良影响。比如会影响自己的职业发展，因为频繁地更换工作会使我们无法积累工作经验，从而难以成为专业性的人才，还会影响自己的人际关系，因为频繁更换工作会导致个人的收入不稳定，使我们的生活始终处于一种动荡的状态中。

不仅如此，频繁地更换工作还会影响自己的情绪，甚至会打击我们的信心，使我们陷入不断跳槽的恶性循环中。总而言之，工作换得越多，对我们的负面影响也就越多，工作也就会越难找。因此，如果有人想通过不断更换工作来找到一份更好的工作，那绝对不是明智之举。

对每个求职者，尤其是刚毕业的职场新人来说，在换工作之前，我们都应该先静下心来认真分析自己的特点。比如自己的兴趣爱好是什么？优势是什么？适合从事哪种类型的工作？只有找到适合自己的职业，并进行相应的职业规划，我们才能让自己的职业发展具有更强的可持续性。

况且，想要在职场中发展得更好，就必须脚踏实地，如果总是这山望着那山高，想要一步登天，最终结果可能只会一事无成。而当我们能够摆正自己的心态、了解自己的能力、确立自己的职业目标，并能将这些很好地融为一体时，我们就不会再整日心浮气躁地想要更换工作了。

9. 你假装的努力永远也无法感动老板

我们身边有很多这样的人，他们每天都在朋友圈里花式秀自己的努力：昨天是加班到12：00的公司外景；今天是八月份长长的书单；明天是一本崭新的单词书；后天是健身房里挥汗如雨的身影……

殊不知，加班到半夜是因为白天一直刷网页，从不按时完成任务；长长的书单是在书店促销时一次性买回来的，拍照发微博后还没开过封；单词本晒完后，就直接扔开去回复朋友圈的点赞和评论。

一段时间过去后，自己就会抱怨：“我都这么努力了，为什么还是不行？” 但他们却没有意识到：自己的这种行为并不是努力，只是看起来很努力而已。而这种假装的努力，则是一种没有远见和大格局的表现，是无法感动老板的。

职场新人肖靖宇是个非常“努力”的人，每次有朋友约他出去吃饭、聚会，他就说自己在加班。有时为了表现自己，肖靖宇还会赶工加班，通宵达旦，甚至忙到没时间吃饭。

即便是参加朋友聚会，他也总是现身没多久，就会接到五六通电话，大多时候又会被工作叫走。

他的微信微博总是在大半夜更新，比如，“最近真是太忙了，昨晚又是3杯咖啡熬了一个通宵。”“凌晨到家，继续干活，然而心里满满的。”“给自己暗暗加油！”“努力的人，全世界都会为你让路。”

前段时间，肖靖宇连续几天发了一些出门堵车、快迟到的照片，说自己总是一大早就开始手忙脚乱的。有个朋友在他的朋友圈照片底下留了一句言：“如果总是堵在路上，为什么不试试提早一个小时出发。”

很多职场新人总喜欢在被时间线逼到墙角的时候，才开始为了完成一个工作项目而熬夜，却不愿意提早一点做准备。

这就像上大学时，每逢四六级考试，自习室里总是充斥着熬夜杀红了眼的人，而这样的通宵达旦并不代表我们“努力”，而是为了弥补自己当初不努力所欠下的债。用一句名人名言来总结，这就是“用战术上的勤奋来掩盖战略上的懒惰”。

而我们现在的“劳累”，其实在大多数时候，和努力并没有多大的关系，反而和“不够努力”“贪多嚼不烂”“效率低下”等关系更大一些。

有社会心理学家做过这样一个实验：他们让两组人分别重复一小时无意义的组装工作，一组给一美元的报酬，另一组则是50美元。并要求受试者：“拜托你对下一个进来的人说我们这份工作很有趣。”结果显示：同样的工作，拿一美元报酬的人普遍比拿50美元的人更愉快。

对此，实验者解释道：因为一个人重复一份无聊的工作，却必须告诉别人这份工作很有趣时，内心就很容易出现情绪上的不稳定。其中，拿着50美元的人可以说服自己“我是为了钱才说谎”，而只拿一美元的人却无法达到这种效果，所以只能自我说服，相信这份工作真的非常有趣。

由此可见，那些没有真正努力的人，很大程度上是因为无法被自己的实际成就说服，才转而向表面的赞赏寻求自我安慰。因为如此，那些总是不安于现状又没勇气改变的人，才会做着无效的劳动却自我麻痹“已经尽力”。他们习惯把“想做”当成“在做”，又把“在做”当成“做到”，从而导致“无效的努力”接连发生。

在日剧《宽松世代又如何》中，关于“无效努力”的文化尤其繁盛。剧中的员工每天都早出晚归、西装笔挺，其实都在公司里“磨洋工”，做着没有效率的工作。即便如此，他们也不愿意去尝试和更新现有的工作方法，反而习惯性地开着无意义的会议，做着重复低效的资料整理，并把这种行为当作“努力”。

剧中的主角坂间正和，是一名成长于“宽松世代”的青年，他平时不喜欢加班，周六、周日也从没补过课。面对那些为了加班而加班，从小补课补到大的情况，他显得截然不同。

但那些习惯于机械劳动的前辈们，却倚老卖老地指责坂间正和正在毁掉日本严谨忙碌的工作氛围。

有些职场人士总是不愿意改变自己的工作习惯，才会给别人营造出一种“我很努力、很劳累”的景象。因为他们的目标就是消耗掉上班的时间，而不是完成上班的任务。但是，工作目标并不是一个随手就能摘到的红苹果，所以我们需要让自己的努力变得更有价值。

对此，万科的员工手册上有一个“以终为始”的目标管理法则，它是这样说的：“以自己为起点，根据自己的能力去制订计划，多半达不到目标，以终为始，是根据目标制订计划，逼迫自己去执行。”

简单来说，就是能够决定我们目标的，并不是起点，而是我们最终要达到的地方。想要达到这一目标，就需要我们把那些看似不能完成的目标进行逐步拆解，才能保证自己所走的每一步，都是在相对正确的方向上。

10. 付出一点就想马上有回报的人适合做钟点工

有些员工总觉得，自己明明为工作付出了很多时间和精力，却在结果上没有得到应有的回报，并为此而感到非常不痛快。对此，著名企业家李嘉诚曾说过一句话：“付出就想马上有回报，适合做钟点工。”从大格局出发来看的话，这就是在告诉我们，身为职场新人，我们需要耐心一点，即便是在付出和回报不成比例的时候，也别太急功近利。

周海洋是名初入职场的应届毕业生，拥有典型的拼命三郎性格。尤其是刚刚开始工作，总觉得每件事情都要做好，所有的机会都要抓住，同事经常发现他总是在别人下班后，还窝在办公桌前忙碌着。

就是因为他每件事都要做，所有的事情都没有一个轻重缓急，工作中常常处于“救火”的状态，一般都是哪件事更着急就赶快做哪件。况且，当别的同事手里只有一个客户时，周海洋却一口气接下了三四个，原本一个客户对职场新人来说，已经是无从招架了，要写方案、做报价等，进行竞标，何况更多。

结果可想而知，当其他同事深耕细作一个客户，并慢慢赢得客户的认可，签单合作时，周海洋却还在狂接手里的活，每天忙得不可开交。最后导致他一个项目都没拿下来，只能帮别人打下手做执行。

看起来这么努力的一个人，明明付出的时间比任何人都多，却没有得到自己想要的结果。之所以会如此，是因为工作中最忌贪婪，我们都希望自己可以完成更多工作，殊不知，在有限时间里做成一件事，要比做多件失败的事情有意义得多。

况且，职场看重的是结果，没有人会拿着自己每天的加班单给领导看，指望对方能够给自己升职加薪。相反，这只会从侧面反映出我们的做事效率有问题。毕竟结果那么糟糕，谁还有心思去了解我们的能力呢？

而对于公司来说，只有员工给公司带来足够的利益，才可能给我们相对的回报。事实上，我们之所以会觉得自己的付出没得到应有的回报，还可能是因为我们的工种在整个职业种类中的薪酬比别人低。而这种职业的薪酬差，并不是光靠努力和付出就能够解决的问题。除非我们能升职，否则在本身薪酬就低的工种中，你再努力也永远比不过一个努力的程序员。

另外，那些在职场获得一定成绩的人，很大程度上是因为他们付出了努力，向别人展示了自己的才能。而我们之所以会觉得愤愤不平，觉得自己的付出和回报不成正比，是因为我们所做的事情不足以让别人认为自己是有才能的。如果我们不做出改变，依然抱着“付出就应该有回报”的希望，那我们只能永远原地踏步。

苏浩然大学毕业后，应邀去主持一个节目，导演觉得他很有文采，又让他扛起了编剧的工作。谁知等到所有的工作都完成后，导演却没有付给他应得的报酬。不仅没给他编剧的薪酬，连原本商量好的主持费用也被扣掉了一半。

苏浩然当时什么也没说，那导演看到他这样的态度，非常高兴，之后又多次找他录制节目。到了年末，台里的领导看到了苏浩然的能力，想把他培养成新闻主播。从此，苏浩然的职业生涯也变得顺畅起来。

一段时间后，苏浩然再次遇到那个导演。对方问他是否还介意从前的事，苏浩然说："看您说的，那都是我自愿的。况且我觉得不管在哪里工作，都不能上来就死盯着薪水不放，怎么着也要先干了再说。只要通过自己的努力，做出了成绩，薪水自然就会提高的。"

每一个在职场中获得成功的人，都不是一蹴而就的，而是在不断地努力之后，才得到领导认可的。如果我们每个人都有急功近利的心态，总是希望自己能够很快被人发现，从而提拔自己，使自己迅速成功，这是不可能的事情。因为任何一家公司都无法在短时间内提拔一个人，即使我们在这段时间里做出了巨大的成绩。

但一些职场人士，尤其是那些刚步入职场的大学生们，总是显得非常浮躁。他们希望自己能够早日出人头地，所以在工作一段时间却没有获得成效的情况下，就会马上转换工作，希望通过频繁地跳槽来获得事业的上升，结果却一直在平行线上跳来跳去。

每个公司都会用很长的时间来提拔人。所以，我们必须要等待。而在等待的这段时间中，我们决不能计较太多，即使是在自己做出了成绩的情况下。只有当我们一次次地做出成绩之后，公司的领导们才会注意到我们的存在。

第二章　承受委屈，快速走出“蘑菇期”

1. 被骂，别忙着为自己辩解

被骂，这对身在职场的我们而言，几乎是无法避免的。尤其是初入职场的人，因为对公司及业务不熟悉，会常常受到领导指责。既然回避不了，那我们就要正视这个问题，积极为上司的责骂做好应对。

李炎在一家公司做秘书，有一次上司因为时间问题错过了一个重要会议，原本要约见的客户也没有见到。于是上司憋了一肚子火，找到李炎就是一通大骂。指责她做事不牢靠，蠢笨懒散。

李炎委屈极了，自己明明把时间安排得清清楚楚，怎么就错在她。面对老板的大声呵斥，李炎忍不住反驳了上司，不承认这次失误是自己造成的。上司听了一拍桌子，让她立马出去，表示不想看到她。

虽然后来二人和解，但经此一闹，李炎和上司的关系淡了不少，经常被派去做一些杂事，因此在公司越做越不开心。

被责骂，无论对不对、是不是我们的原因，别上来就辩解说不是自己的责任，更不要推卸给别人。这时的辩解就如火上浇油，不如说一句“我错了”或者低头认错，无论是不是我们的错，诚恳接受，至少能先把老板的火气灭掉。

老板心平气和了，才能冷静分析，是否误会了我们。

何况，挨骂这个事儿也不全是坏事，因为挨骂说明领导还在意我们，愿意提携我们。

陈威在一家广告公司从事制片工作，刚进公司没多久的他，就碰上了公司和知名大导演合作拍片子，他被命令做现场助理。

当拍摄现场各方面准备就绪时，导演命令他把道具放置到镜头前，即一只晶莹剔透的玻璃碗。谁想他一放下道具，就被导演骂了个狗血喷头，现场那么多人，瞬间都闭嘴不再出声，陈威感到无地自容。

低着头听导演一句句斥责他，这才明白，自己送道具时没有做好防护措施，送在镜头前的那只碗已经变得很脏了。他在导演责骂过后，及时认错，并向被耽误工作的大家一一道歉，在接下来的拍摄工作中兢兢业业，不再出错。

这件事陈威自知有错，但被人当众责骂，实在是一种羞辱，内心一直解不开疙瘩。事后他的直属上司安慰他："知错能改，就不会再被责骂。你要把被骂的压力转为你向上的动力，事做好了，谁也说不了你什么。"

在工作中挨骂，多反省和检讨，绝不再犯同样的错误。这会让领导觉得，我们不仅能认识到自己的错误，而且能及时改正，是可塑之才。这样，领导不但会原谅我们的过失，也会更加信任、看重我们。

同时，我们要学会在挨骂过后解开心结，不要把这些责骂变成自我价值的否定。不要将这一次的责骂与自己之前受到的所有其他批评混淆，特别是不要将其衍生为对自己所有其他的否定，从而陷入自我否定自我批判当中。也许，别人只是因为心情不好，因为某些事情迁怒到了我们，或者有些人只是以责骂我们为乐。

当我们在职场上被严重批评、责骂时，有很多种做法可以帮助我们去正确应对，千万不要一时激动而选择为自己辩解。下面说几种比较积极的应对方式。

不带偏见地分析原因

受到责骂，我们都会有头脑发热、不管不顾地顶回去的冲动，但是不要让本能支配我们的行动，要认真听别人责骂了什么，确保自己能清楚地知道他们想表达的意思，然后理性而中立地分析，别人说的是否正确。别人都不会无缘无故地发脾气，只是发脾气的原因是我们没想到的。

隔离自己，快速冷静

受到责备，我们都会感到非常沮丧，如果矛盾升级很快，也许我们还会感到异常愤怒，那么改变环境未尝不是一个好的办法。

在职场上，我们应该具备那份能吞下委屈的淡定与成熟，因为只有具备了这样的素养，有朝一日面对更大场面的挑战时，我们才能够顶得住。因此，面对委屈时，我们真的不需要太在意一时的对错、旁人的眼光，这才是对自己负责。

正如阿里巴巴的创始人马云所说的："男人的胸怀是委屈撑大的。"身在职场，就注定会受许多责骂，甚至侮辱，我们要学会将其看成自己进步的阶梯，当作更加努力工作的动力，让自己不断获得成长。

2. 遭遇不公平待遇，抱怨不如用实力证明自己

有的人是因为关系升得快，有的人偷偷窃取别人的劳动成果，各种不公平在职场层出不穷，让人心烦。如果我们格局不够大，就会盯着自己遭遇的不公怨天尤人。

袁辉经常抱怨上司太不公平，他说："大家工作都是一样的，可是对漂亮的女同事就特别关照，即使有做得不好的地方，也是和颜悦色地对其指导，如果发

生在男同事的身上，就直接一顿痛批，你说有这么赤裸裸的不公吗？”

他还表示自己经常加班，上司都没有说过什么，而新来的一个女同事刚加两天班，上司就大笔一挥，给她补了一天假！因为性别差异，在工作中也不用这样差别对待吧！

在职场上，有一类典型的上班族，他们非常在意上司的一举一动，只要发现上司对待别人的态度稍不同于自己，就会胡乱的猜测，内心充满无限哀怨，把心思都放在了职场不公待遇上，导致不佳的心态。

其实很多时候，我们无法左右别人的想法，尤其是我们的上司，如果他非得对某个同事采取“特别”关照，身为下属的我们也不能直接与其对峙，如果我们想得到上司的肯定，首先便要扭转自己的态度！

记住：哀怨无用，不要在这些小事上浪费自己的感情，因为这会引起别人的反感。唯有自己能力强大，能为公司做实事，老板才会注意到我们，从而让我们获得机会。

王建在广东一家私营企业做销售工作近两年时间，他工作努力，业绩出色，深得老板的赏识。就在他有机会晋升为营销经理时，却输给了竞争对手——公司老板的侄子。对方无论是工作态度还是工作业绩，都没法与王建相比，但却是一个“马屁精”，靠着特殊的身份和溜须拍马笼络了公司里一些人，顺利地当上了营销经理。

面对不公平的待遇，同事中有很多人为他打抱不平，但王建没有心灰意冷，依旧踏实工作。

又快到年末，公司资金流动出现了一些问题。王建的销售业绩依旧出色，更重要的是，他通过平时工作与银行建立的良好关系，成功地帮公司争取到了贷款，解决了老板的燃眉之急。王建被破格升职为销售总监，他用实力证明了自己的价值，并得到了应有的回报。

人们常说，在实力、品行等条件相同的情况下，有无背景是成败的关键因素。确实，在职场中，我们常常败给那些与老板有关系的同事。无论我们是想让自己反败为胜，还是不想再遭受不公平的待遇，只有一种办法，让自己强大起来，从根本上和那些有关系的人拉开差距。

在职场上，只有关系是不行的，归根到底还是要靠实力说话。如果我们所在的公司就是唯关系至上，那最好离开。只要是一家认真经营，想要更好发展的公司，它永远都需要且会善待那些忠诚踏实、业绩突出、能在关键时刻为公司雪中送炭的人才。

另外，一件事情本身公平与否，我们是没有一个评价标准的，也许从我们的角度来看这件事是不公平的，但从别人的角度来看就是公平的。因为在很多时候，有些人觉得所谓的不公平，仅仅是从自我出发来判断的。

但职场强调的是价值的交换，如果我们付出的是公司所需要的，那么这就是可以纳入考量的价值，反之则不然。比如有的人工作3年没有升职，而新来的同事工作1年就获得了晋升，在前者看来这是何等的不公，但在HR的眼中，这一切都合情合理。因为在公司，考量人才的标准是能力而非工龄。

俞敏洪曾给经常抱怨的人一些建议：遇到不公平和困难的事情时，要用积极的心态去面对。先不要急着下结论，也不要急着去摆明态度，而是去思考问题本身，以及应该用什么样的方法去解决它。这其中最关键的，就是去寻找自己的问题，不要总认为是别人的问题，以至于到最后想出来的解决方法都是针对别人的。

就好像小气的人从来不认为自己小气，斤斤计较的人也不认为自己斤斤计较。我们很少有人会做到客观地看待自己，在遇到事情的时候我们应该从自身找原因，改正内在的缺点，承担起应该承担的责任，成为一个更受人欢迎的勇敢者。

在职场中，遭遇一些不公平是在所难免的，我们不要过度沉湎于负面消极的情绪中。职场人若想降低遭遇不公平的概率，最好的办法就是积极努力提升自己，凭实力争取升职，才能获取更好的福利。

3. 陷于职场流言蜚语，怎么办

有人对职场人士进行了一次随机调查，竟然得到了一个令人啼笑皆非而又值得深思的结果：当那些职场人士被问“什么是吸引你每天上班的理由”时，竟然有相当一部分人在“不上班，就听不到很多小道消息、谣言、流言蜚语、传言和谗言”之后打了勾。可见，职场上的流言多么凶猛。因此为了保障我们在工作中不受干扰，学会处理流言蜚语是非常有必要的。

杨楠毕业后进入一家公司做财务助理的工作。虽然她学历普通，但做事非常努力。销售部经理王城发现杨楠工作认真，敢想敢做，是他需要的人才，就大胆地将杨楠调到了自己的部门，并让她独立负责一个区域的销售工作。由于工作的缘故，两个人经常一起出差、用餐。渐渐地，办公室里就传出了他们之间关系暧昧的流言蜚语。

起初，杨楠对此一无所知，但她觉得周围同事的目光变得越来越怪异。有一次，一位年长的同事意味深长地提醒她说：“你不要太接近王城，免得别人以为你的业绩是因为沾了他的光。”

杨楠是一个非常要强的人，更无法容忍这种无凭无据的流言蜚语。于是，她故意和王城疏远，但流言却愈传愈烈。无奈之下，杨楠向公司申请换岗，换到了公司的售后服务部。但因为售后服务部的工作与杨楠的个性相差甚远，刚调过去不久，她就在工作中犯错了。

于是流言马上又传开了。有人说：“杨楠以前在销售部的工作业绩，都不是她自己的实力，而是王城给她帮的忙。”最后，流言蜚语传到了领导的耳朵里，他让杨楠停职了。

在职场遭受到流言蜚语的侵害后，我们常常手足无措，甚至采取最笨的方法，比如直接否定，或者急于去解释。其实我们最应该做的，首先就是弄清楚，什么是办公室流言，它为什么发生。

在日常生活中，传播伤害他人的流言蜚语，有时是出于嫉妒、恶意，有时是为了借揭示别人不知道的秘密来抬高自己的身份和重要性，这些都是极其令人厌恶的行为。但职场流言蜚语之所以产生，自有其根源。因为办公室同事之间首先是一种错综复杂的利益关系，而利益毕竟是有限的，我们获取了更多的利益，那么失去利益的同事势必会心理失衡，于是他们就会传播不利于我们的缺乏客观根据的流言。

正是因为职场中存在着利益冲突，所以，在办公室里，大家才会相互倾轧、相互利用、相互诽谤，以此来达到自己的个人目的。当我们了解到这些真相之后，就会对办公室里的流言蜚语有了更加清醒的认知。而有了这种更加清醒的认知之后，我们就应该着手解决自己与同事之间的利益冲突，尽量从源头上减少流言蜚语事件的发生。

保持冷静

所谓“身正不怕影子斜”。我们需要有点耐心，别因为那些言语把自己陷进去拔不出来。在流言蜚语面前心态失衡，不仅于事无补，反倒会给领导和同事留下一个遇事急躁、不够沉稳的坏印象。

反省自己

“苍蝇不叮无缝的蛋”。流言蜚语的产生，是否真的与我们在哪些方面做得不妥有关呢？如果是真的，那么我们不妨当面认错并积极改正，求得同事和领导的谅解与支持，让流言蜚语逐步降温，最终熄火。

寻求支持

单枪匹马地面对流言蜚语，虽然显示了我们为人坦荡的一面，但也会让我们陷入一种孤立无援的境地。因此，我们不妨寻求同事和领导的支持，争取建立绝大多数人的同盟。

其实办公室的流言蜚语，对于我们的工作来说，只是鸡毛蒜皮的小事。我们应该永远把重心放在我们的日常工作上。流言确实会对我们的名誉和工作造成影响，但影响大小的决定权还是在自己手上。

同样一种流言，如果我们急于否认、到处澄清，反而使流言越闹越凶。相反，如果我们理智冷静地应对，不去太过在意这些，影响可能会更小。另外，我们在日常的工作中，要多和比自己优秀的人相处学习，只有自己站到足够的高度，心胸才会更广阔，不会被这些言语左右，自己有内核驱动，外因的影响就会变小。

4. CEO 也是从琐碎小事做起的

刚走出象牙塔的我们，总是满怀梦想满怀期待，踌躇满志决心干一番大事业。但踏进职场后才发现，理想很丰满，现实却很骨感。我们根本没有做大事的机会，每天从事的都是诸如打印资料、填写快递单子、整理文件等具体又单调的小事，甚至还要兼职买咖啡、带午饭、打扫卫生等。

朋友圈曾疯狂转载一篇文章，叫《我的女秘书辞职了》。

讲的是一个经理人招聘了一个年轻的女助理，做了一段时间后，她来找经理谈。她说自己很困惑为什么总是让她做这些琐碎的事情?

经理问她："什么叫做不琐碎的工作呢？"她答不上来，想了半天，说她觉得自己的能力不仅仅能做这些，还能做一些更加重要的事情。那次谈话进行了一小时。经理建议她先把手头的工作做好，先避免常识性错误的发生，然后循序渐进。

半年后，她提出了辞职。经理问她辞职的原因，她直言："本科四年，功课优秀，没想到毕业后找到了工作，却每天处理的都是些琐碎的事情，没有成就感。"

经理跟她讲了自己曾经也是贴发票的，但却从这件小事上得到了很多信息，工作实现了良性积累。她听完后仍然选择了辞职。后来，听说她一年换了3份工作，每次都坚持不了多久，因为她觉得每次工作做的都不是她期望中的事情。

作为一名职场新人，最大的问题不是没机会，而是没有耐心。在看似简单不动脑子就能完成的工作里，没有把我们的心沉下去。所以，在工作一段时间后，自己觉得没有进步，就认为上司没有给自己安排重要的事情做。

领导安排刚入职的我们干这些小事，是因为他需要知道我们能否把小事完成得很好。如果我们连寄快递、打印文件之类的小事都做不好，他怎么敢冒险把重要的大事交给我们去做?

俞敏洪认为，大事业往往要从小事情一步步做起来。没有做小事打下的牢固基础，是不可能有大事业的。一个优秀的CEO也是从做小事开始的。

在谈及做新东方的心得时，俞敏洪这样说道："任何一个伟大的东西，你分到日常的每一天去做，都是很小的事情，甚至是很无聊的事情，对吧?但是你得认识到，日复一日地，你背着书包去上课；日复一日地，你处理新东方内部员工琐碎的事情……这些东西是需要你有强大的现实主义精神才能做成的。"

著名职业经理人卫哲在初入职场的那几年，做过"中国证券之父"管金生的秘书。身为秘书的他，工作就是翻译年报、剪剪报纸。但卫哲并没把这些事当作小事，而是每一件都下足了工夫。比如他会非常留心在那么多的剪报中哪些是老板看过的，然后就重点标出相似或相关的内容。这些事情，老板没有要求他这么做。时间长了，管金生不看剪报中午就吃不下饭。

作为秘书，卫哲在给老板做一些琐碎小事的过程中，除了认真对待，他还暗自琢磨出很多技巧。比如泡茶时合适的水温；什么时候把报纸递过来最合适；老板在开会时，自己什么时候进去汇报工作才不会打断老板的讲话。

管金生慢慢意识到，自己的这位秘书是个可造之材，能把小事做得这么到位，做大事应该也能掌控。于是，24岁的卫哲出任上海万国证券公司资产管理总部的副总经理，成为当时国内证券界最年轻的副总。

做大事也好，做小事也罢，反映的是我们对工作的态度。如果我们能够重视每一件小事并努力做好，对待大事我们则更会认真。如果我们能够注意到小事的每一个细节，那么对于小事组成的每一件大事的每一个层面我们也会认真对待。

会做事的人，必须具备以下三个特点：一是愿意从小事做起，知道做小事是成大事的必经之路；二是胸中要有目标，知道把所做的小事积累起来最终的结果是什么；三是要有一种精神，能够为了将来的目标自始至终把小事做好。

即便是小事，想做好也并不容易。

做好小事需要我们始终保持耐心，能日复一日地做下去。还需要我们十分细心，能在细微之处发现规律，再小的事也能做得面面俱到。做好小事需要一颗积极向上的进取心，不把小事当作没用的事，乐意去做每一件小事。

对职场新人来说，每一件小事，每一个细节的积累都是今后事业稳步上升的基础。

5. 如果你心浮气躁，请你离开

网上有篇微博，说一个人在工作期间，感觉很迷茫，总觉得可以做很多事情，但就是不能集中精力做好一件事情，感觉自己静不下心来，不知道该怎么办。大家在微博下面纷纷留言，说自己曾经或者正在经历这种状态，其实这就是遇到了一个职场浮躁期。

“如果你心浮气躁，请你离开。” 这句话是马云在阿里巴巴开展“整风运动”时说的。他认为浮躁不仅会让创业者急功近利，走向迷途，而且也会让员工无法静下心来做事，最终一无所获。

初入职场的新人常常很难将工作做得持久，尤其是试用期的3~6个月内跳槽现象频发，这段时间常常被称为职业的浮躁期。对于浮躁的状态，有些新人不在意，认为工作随心选择，有些新人则把责任全推到自己身上，渐渐对自己产生了怀疑。

有浮躁期主要是想法、意识一时转换不过来，因此，在思想上做好准备就显得很重要。其实我们每个职场人都会有一个浮躁期，职场老司机可以根据经验、习惯等做出调整，而职场新人可能就会束手无策。在刚入职的特殊时期，能否安全度过浮躁期对新人来说至关重要。

华为的一个新员工，毕业于北大，刚到华为时，就把自己认为合理或不合理的公司经营战略问题，洋洋洒洒地写了一封“万言书”上交给任正非。该员工原本以为自己独到的见地能够打动领导，结果任正非却批复说：“此人如果有精神病，建议送医院治疗；如果没病，建议辞退。”

作为职场新人，该员工想靠一封万言书引起老板的重视，或者是得到老板给予的额外机会。不得不说，大多数人是没这个运气的。

任正非清楚，这样一个没有脚踏实地实践过的人，如果给了对方发言的机会，往往“坑”的只会是管理者。因为新人还没有做过管理，也不懂企业管理的那些套路，他只会从自己的角度去看待问题。如果在这种情况下，重视这种“万言书”，就等于把自己带到“坑”里了。

无法沉静下来，就无法把自己的工作吃透，一个人的业务尚不够精进就心浮气躁地想提升，那无论他去哪个地方，都会碰壁。

尤其是不甘于稳定下来、经常跳槽的人，辞职过程中的无奈、重新选择时的无助，以及应聘新企业来回的奔波，会极大地影响个人的情绪，内心深处会很焦虑，并慢慢对职场产生恐惧。这会让我们原本就浮躁的心更加飘忽不定。

任何一项工作，只有踏踏实实地干一段时间，才能有所收获。并非跳槽越频繁，就代表自己越有本事。即使在美国，跳槽也是有限度的，一般4年跳一次才正常，否则就会被看成一个心性很差的人。所以，建议“闪电猴”们心先踏实下来，稳定以后再图谋发展。

盲目的浮躁是非常不利于新人成长的，所以刚出校门的大学生们，要对这段浮躁期有一个全面的认识，才能走好自己职场的第一步。那么，新人为什么会出现浮躁的心态以及该如何看待和解决呢？

想象不等于现实

所有人选择一份新工作时基本都是奔着公司去的，想象这个公司同事关系都很简单、公司福利完善、公司座椅很舒服，但想象和现实终究是有差距的。职场也许充满各种黑暗规则，大多数公司都没有下午茶，座椅更不是人体工程学的。

激情是有阶段性的

工作没有激情是死路，但只有激情也是死路。我们都抱着远大的理想和抱负，抱着干一番大事业的野心兴冲冲地加入了职场。但激情都是有阶段性的，这个时期可长可短，除了激情，还要冷静，工作最忌讳头脑发热。

付出不一定有回报

我们肯定已经听过太多遍“付出才有回报”这句话，但职场并不像学习那样，背了、学了就能掌握一个知识点。有时候我们付出了汗水，甚至泪水，但我们的工资、职位有可能几年都不变。另外，我们得把自己的力气使在有效、有用的地方，否则就是白费劲儿。

随时准备应对各种变化

工作时应该提前做好计划，但有时候计划跟不上变化，得跟着实际情况做出合适的调整。因为最初的职业规划，是我们在还没有了解个人能力、潜力，以及职场等情况下做出来的。只有真正进入到工作的时候，才能知道自己适不适合做这个，如果发现规划与实际有出入，要么及时修正自己的期望，要么另觅去处。

作为一个职场新人，不要太过激情和冲动，常怀远大的理想和抱负是应该的，但不要一踏入职场，就想着被大家认可。心浮气躁往往让我们大事干不了，小事又不愿干。浮躁是职场大忌，要干得好，首先要沉下来，现在尽管不如意，但是要相信困境是暂时的，只要一直在努力，就会有出路。

6. 职场菜鸟遭遇老鸟排挤怎么办

近几年，职场冷暴力一直是一种无法言说的压力，它就像个隐形的杀手，以无声的行为，让人有种喘不过气来的压抑感。

智联招聘曾做过关于职场冷暴力的调查，结果显示，有67%的白领表示自己曾经遭遇过职场冷暴力，而这一暴力的主要实施者就是自己的上司。而在遭遇职场冷暴力之后，只有16.9%的人表示自己会积极寻找解决办法；38.1%的人表示自己因为郁闷，而严重影响工作的积极性；20.9%的职场人士则会选择“以冷制冷”的方法；还有将近20%的受害者会选择黯然离职。

陈晓君大学学的是广告学专业，毕业后也一直混迹于广告圈，目前在一家小有名气的广告公司担任广告执行。公司里的竞争非常激烈，有不少同事更是在背地里钩心斗角。陈晓君却因为性格内向，有想法也不爱表达，不喜欢拍领导的马屁，所以经常吃亏。

情况严重时，同事甚至不会在工作上配合她。上司对她也不冷不热，重要的事根本不会交给他办。

这“小鞋”越穿越憋屈，年底时，眼看自己解决不了这样的冷暴力，陈晓君只得在“无论如何也要逃离这个鬼地方”这样的想法中，愤愤不平地离职了。

对初入职场的“菜鸟”来说，职场冷暴力不仅难以应付，还有很多危害，很容易给我们的工作和生活带来影响。比如会打击我们的工作积极性、使我们的身心备受折磨、影响工作的开展等。

如果我们不能正确应对，内心的挫败感将会越来越强烈，工作的积极性也会急剧下降。而那些老员工呢，也并非就是这场“暴力争斗”中的胜利者，反之，老员工会因此失去新人对他的尊重，一旦有一天新员工成长起来，这个老员工很可能就会成为新员工的施暴对象，从而造成恶性循环。与此同时，老员工也会在这一过程中失去了一个得力的助手，以及互相学习、共同成长的机会。

陶韵华大学毕业后进入一家公司做行政人员，但她总觉得自己跟同事们格格不入。有时候她看到大家都在说笑，自己插一句进去，大家就沉默下来，这已经不是一两次了。

为了改变这种现状，陶韵华准备约同事出去吃个饭，但大家也不约而同地推脱。还有她的上司，从不把什么重要的工作交给她，这让她感到非常不自在，这样不咸不淡地工作真没意思，还不如辞职呢。

有朋友听说了陶韵华的遭遇就给她支招：“你可以把姿态放低一些，遇到什么问题就去请教你的同事，很多人都比较喜欢‘老师’这个角色。”

听了朋友的话，陶韵华开始尝试着和同事沟通，变被动为主动，一有什么问题就积极请教老员工，即使自己知道的一些小问题，她也会假装不知道。并且在询问的时候，她还会先把一些细节整理出来，让前辈看到自己的价值所在。

一段时间后，陶韵华就发现有些老员工对她的态度有了很大的改变，上司也试着把一些重要的任务交给她。同事之间的合作越来越好，她的工作效率也大大提高了。

这种职场冷暴力，在办公室里是比较常见的。一般前辈就是冷暴力主动的一方，新人则是被动的一方。

其原因大多源于老员工对新人的两种态度：一个是新人没有经验，所以老员工会抱着自己的经验主义思想，对新人视而不见；还有一种原因，就是因为老员工的不自信，而很多新人的势头总是很强劲，不仅有很高的工作积极性，知识面也更广泛，老员工害怕新人的风头盖过自己，所以开始采取不合作、不理睬的方式，向新人“施暴”。

另外，我们在和办公室的同事打交道的时候，可能会遇到所谓的“意见领袖”。这样的人和他的“跟随者”，很容易在公司形成小团体，不仅能够引导舆论，在人际网络上也具有相当的影响力，有时甚至还可以带领整个群体一起排挤某个人。

当我们遭遇这种情况的时候，决不能单纯地抱怨，一定要自我反省，找到问题的源头，如此才能从根源上解决问题。

对此，我们需要先检视自己的工作，分析我们的胜任力是否够格，哪怕是一些小事，自己是否因为处理得马虎而给人留下不靠谱的印象。如果是这样，那我们就需要加强自己的工作技能和专业程度，通过不断学习来提高自己的核心竞争力，证明自己有能力胜任高难度工作，从而获得表现机会。

然后我们就需要检视自己的工作态度，即使我们的能力突出，但如果行为举止表现不当，或者是过于高傲，那肯定是行不通的。作为初入职场的“菜鸟”，凡事都要虚心接受批评和指点，踏实、低调地做事，学会收起自己的锋芒，这会让我们在职场中走得更顺畅。

7. 初入职场要吃苦耐劳，但也要避免被随意使唤

相信每个人都记得自己上班第一天的情形，当时我们会有很多的不确定，但有一件事是确定的，就是我们想成为公司的一员，想尽可能快地融入到团队中去。为此，我们可能会需要做一些额外的工作。也正是因为如此，从进入公司那天起，我们就被设定为最能帮助人的角色。因为只有多做一些事情，才能让领导看到自己的表现，才能获得团队成员的认同。

但在有些时候，如果我们过于“软绵”，或者太好说话，别人可能就会经常利用我们，将他们的工作交给我们。事后万一出错，就是我们的责任，没错的话，肯定就是他们的功劳。

李铭是公司的新成员，同部门的一个同事说自己的项目太多，有点儿忙不完，希望李铭能帮帮忙，大家一起完成。本着新人要多做事、多帮忙的态度，李铭答应了，并通宵加班赶出了文案。

几天后，部门领导找李铭谈话：“小李啊，听某某说，这个文案是你帮忙做的？”一听领导这话，李铭满心激动，觉得自己的努力终于被领导看到了，连连点头说“是”。

谁知领导话头一转，对他劈头盖脸一顿臭骂：“这个项目非常重要，你知道你犯的错误影响有多大吗？你是个新人没有经验，但是有问题可以问啊，怎么能让自己犯这么大的错误呢……”李铭有心辩解，却又有苦难言。

作为职场新人，我们是没有工作经验，但这并不代表我们要被同事随意使唤。而一个有大格局的职场员工也应该清楚：如果是能够帮助同事的举手之劳，那肯定是可以的，比如午饭时顺路给同事带个饭，领文具时顺便帮同事领，但凡事都要有个度。

当我们占用自己的工作时间替同事处理私人事务时，我们耽误的时间和精力必然会影响到我们的学习和工作。要知道，作为新人，我们的首要任务是以最快的速度学习和掌握工作技能，并做出工作成绩。毕竟公司给我们发工资是让我们来工作的，而不是来帮同事处理私人事务的。

而关于如何避免被随意使唤的问题，有职场咨询专家做出这样的回答：职场新人需要先判断自己属于哪种类型的新人。

一般情况下，职场新人可以分为三种类型：1.储备型。这种类型的新人一般大公司才有，公司会定期招入新人作为人力资源的储备。2.替代型。就是公司出现老员工辞职、休产假等情况，需要寻求替代人员的。3.业务需求型。就是公司因为业务拓展需要，在人手不足的情况下招进来的。

如果我们属于第一种，就算是被使唤也最好先忍着，因为公司并不缺这样的人，有你没你都一样。如果是第二种，那使唤我们大多是因为我们的工作职责还不明确，内部流程也不清晰，基本上这种类型的新人只会被使唤很短的一段时间，等我们工作职责清晰后，就不会再出现被使唤的情形了。

如果是第三种类型的新人，其重要度则处于第一种类型和第二种类型之间，我们以后的工作职责往往是老员工分出的一些事情。比如某个员工之前负责五项事宜，当业务量增加后，就不得不分出其中两项，而你的成长一般需要更全面一些，因为很可能同时会有几个老员工分出一些工作给我们做的现象。

当我们判断出自己所属的类型之后，还需要估量一下自己未来可能要负责的工作和权限。我们必须清楚地知道，现在我们做的任何一件事，将来都有可能由我们自己来负责，甚至包括其他部门的工作。

这个可能就会显得比较难，毕竟初入职场的新人经验不足，一般都不具备职场上的鉴别能力。在这种情况下，我们不妨先和自己的直属上司沟通好，或者从上司那里获得建议。

某公司因为业务扩展需要对外招人，刘一民就是在这个时候成为公司的新人的。他很清楚，在这种情况下进入公司的新人，肯定会被老员工以这样那样的借口使唤。

果然，当他的直属上司出差时，刘一民就被另一个部门的主管叫去打杂了。面对这些对自己的工作毫无帮助的工作，刘一民虽然满肚子都是火，却又不知该如何拒绝，所以等上司出差回来后，他便找上司讨论了这个问题。

上司给刘一民的意见是："把该做的做好，不该做的如果有时间就挑着做，要是有人欺负你就告诉我。"此后，如果遇到有人找他做不相干的事情，刘一民大多会表示："领导交给我的任务还没完成，实在没时间做。"如果是与自身工作有关的事情，他也会主动去帮忙。

几个月后，公司有老员工离职，由于刘一民出色的工作表现，领导就把离职员工的工作内容直接交给他来做了。

由此可见，职场新人想要避免被使唤，我们就要先掂量自己的分量。这就要求我们决不能用短视、狭隘的眼光去看待那些喜欢或不喜欢、想做或不想做的工作，而是要有大局观，去选择那些能给我们带来显著收获和机遇的工作。在面对不乐意做的小事时，我们最先要考虑的，就是这一点。

除此之外，要想避免被他人随意使唤，关键在于让他人，尤其是让我们的上司意识到，我们应该去做价值更高的事情。这种现象出现得越多，别人就会越重视我们的能力，而不会让我们去花时间做低价值工作。

8. 受点委屈就辞职？敲碎你的职场玻璃心！

在谈到2016年对团队的期待时，滴滴总裁柳青表示，她首先就是希望团队要有“心力”——放下自己的玻璃心，换一个钢的、铁的回来。对老板来说，对方更愿意看到一个勇敢、有毅力、内心强大的员工，而不是遇到点委屈就觉得天要塌下来了。

但回过头来看看现在的职场，员工辞职的原因有很多，受点委屈就辞职的人也不在少数。比如领导不分青红皂白地训斥我们，或者明明是别的同事抢了自己的客户，领导却把我们的客户分配给了别人。然后就觉得自己实在不该受这样的委屈，于是“玻璃心”发作，直接递交辞职信。

结果就是，我们不仅屏蔽了领导和一大帮前同事，还可能会发誓和他们老死不相往来，直接断掉积累了好久的人脉。可以说，“受不了任何委屈”是许多职场人士职业发展的绊脚石。

朱葛云是公司去年刚招进来的培训生，身上具有阳光、聪明、热情等优点。所以在多个新人中，HR和很多老员工都非常看好他。没想到，一段时间后他竟然辞职了。

他一提出辞职，不少人都极力挽留他。但他铁了心要离开，表情里充满了决然的味道，甚至带着一丝忿恨。“我真受不了他。”他说，“不仅把我跟进的业务交给别人，还像疯子一样当众骂我，太伤自尊了。”

朱葛云口中的“他”，是他的直属上司，是那种对自己和别人都要求甚高的人，性格稍微有些急躁。这次事件起因，是朱葛云在一个项目中出现了失误，虽然不是什么致命的错误，但还是给团队带来了一定影响。

所以对方才会把这项任务交给别人，而对方的那通臭骂，无非就是严厉地批评，但因为言语中带了点上纲上线的味道，比如说他“愚蠢”“没用”“拖累团队”什么的。但显然朱葛云在这件事中有点“玻璃心”，才会想要一走了之。

在竞争激烈的职场中，其实对于我们这些在公司底层摸爬滚打的职场菜鸟来说，“受委屈”简直就是家常便饭。看看我们身边的朋友、同事，没有在职场中受过委屈的人那是外星人。这么看来，有谁的职场不委屈呢？

更何况，有时候我们所谓的委屈不过是自认为委屈罢了。之所以觉得委屈，是因为觉得自己所谓的尊严被践踏了，觉得“人为刀俎”，而自己却成了案板上那块来不及挣扎的鱼肉。无非是觉得错的都是别人，自己是被冤枉的。其实掰开来讲，不过是因为我们的心太小了，格局太小了，所以根本无法撑起自己想要凌驾于他人之上的野心。

如果我们能把每次的羞辱和伤害，看作“转骨”所需的营养珍馐，那绝对能喂大我们的格局。否则时过境迁后，别人只会记得我们当时爆发的情绪，却不会记得原因，从而留给别人一种自己容忍力不够的印象。

所以，我们需要训练自己忍受委屈的能力，并不断改变自己，提升自己的能力。如此，才能在职场上破茧而出。这个时候，我们所吞下的委屈，也才值得。

曾小柔在某外企担任秘书，有一回，她的上司因为自己记错了时间，而使公司蒙受了巨大损失。上司认为小柔没有及时提醒他，当众责怪了小柔。曾小柔觉得委屈，便忍不住和上司对质起来，还脱口说出：“你每次都这样。”

这下一发不可收拾，小误会演变成了算总账，最后上司当场拍桌子不欢而散。曾小柔的工作越做越不快乐，便去找朋友诉苦。

朋友告诉她，因为她不想承受委屈，所以急着替自己说话。但事实上，她正在失去自己的发言权，让自己陷入了危机中。如果当时她能沉住气，给上司一个台阶下，等对方情绪稳定后，再以平和的方式让上司知道事情的原委，相信上司不仅会对她另眼相看，以后也会更加重视她的意见。

职场上碰到的委屈，实在是数不胜数，但我们需要明白一个道理：谁能吞下更多委屈，谁就拥有话语权。就像名厨阿基师，他从十几岁就开始当学徒，苦熬了30年才出头，在接受访问时，他这样说："忍受委屈可以让人更成熟，对事情的判断更淡定。"

因为每次能吞下委屈的那份淡定与成熟，会不断温养我们的内在。有朝一日我们必须面对更大的挑战时，才能够顶得住。而当我们打开格局以后，便能够承担比别人更重要的任务，上司对我们的信赖度提高之后，我们所说的话才会变得更有分量。

更何况，人生在世，难免要受诸多委屈。而在面对各种委屈的时候，我们要学会一笑置之，并超然待之，才能顺利转化势能，成就自己。

9. 不够强大的时候，请收起你的锋芒

许多初入职场的新人为了稳固自己的地位，同时也为了在激烈的职场竞争中占得一席之地，会迫不及待地找机会显露自己的才能和实力，希望自己能尽快得到上司和同事的认可。这些人不仅事事都要争个"先手"，有时甚至还会"抢跑"，锋芒毕露。殊不知，当我们还属于职场新人的时候，过早地"崭露头角"是危险的，至少会让我们陷入非常被动的局面。

做过销售的都知道，这是个需要人脉关系广泛和嘴上功夫过硬的工作，正好，这两样林菱都不缺，所以她在毕业后成为了某公司的一名销售。刚进公司时，老板向包括林菱在内的4名新人承诺：“半年内，如果你的业绩名列前茅，就可以升做销售助理。”大家都瞄准了助理的职位，铆足了劲要一争高低。

期间，林菱利用自己的优势，先声夺人，在前三个月内一直保持业绩领先，从受到老板的多次表扬。但她的表现也给部门的其他人员，尤其是跟她一起进来的新人增加了许多压力。渐渐地，业绩突出的林菱成为了部门的焦点人物，甚至连部门经理都因为她的业绩而感到压力甚大，不得不对她刮目相看。

因此，当林菱还在为自己的突出表现自鸣得意时，同事开始把矛头指向她。因为寡不敌众，林菱总是吃亏，而一旁的经理却只顾忙自己的工作，全当没看见。经理的行为让其他同事更加嚣张，有时甚至存心找茬儿。年轻气盛的林菱直接去找老板评理，但对方在听完她的哭诉后，却说林菱过于娇气，不会团结同事。这让她一肚子的委屈无处诉。

可见，当我们在公司还没有站稳脚跟时，就急着锋芒毕露是愚蠢的，最常见的结果就是，我们很可能在“竞赛”还没有开始的时候，便被别人踢出了局。

如今的职场还是一个比较喜欢按资排辈的大环境，过于锋芒毕露肯定会暴露自身的缺点，从而招来一些非议。所以，我们需要学会收起自身的锋芒，藏起自己的“刀刃”，这也是一种对自己的保护。

更何况，韬光养晦之术自古就被视为做人做事的高级学问。当所有人都对我们毫无防备的时候，才是我们猎得“猎物”的最佳时机。

乔宇荣在公司已经工作了两年，看起来却毫不起眼，大家对他的印象都是谦和有礼、脾气好。期间，不管公司里的人事斗争如何复杂，他从不参与其中，即便偶尔被动卷入，也因深得上司和同事的信任全身而退。

前段时间，公司来了位新领导，刚上任便猛烧了几把大火，通过不同的方式把公司里的几个核心人物弄走了。然后大家就发现，那个平日里不起眼的乔宇荣，好像忽然就变成了公司里的活跃人物。

再加上他平时和各方的关系都非常好，上司对他的印象也不错。因此，在做晋升综合评价的时候，他获得了相当高的分数，并顺理成章地升为部门经理。

原来，乔宇荣并非看起来那么“温顺”，尤其在人事变革的时候，好几个人事变动，都是因为他和新领导的几次谈话，才起到了作用。当然，他的晋升靠的也不是运气，而是老板经过长时间的暗中观察后，觉得乔宇荣是个人才，才让他获得了重用。

这其实就是职场上的“猫的哲学”。猫在捕捉老鼠的时候，它的爪子是锋利的、尖锐的，而它在走路和跟人类玩耍的时候，却是温柔、和善的。试想一下，如果猫在跟人类玩耍的时候，也露出锋利的爪子，估计人类也不会跟它友好相处，更不会给它提供帮助了。

一个人的优秀之处，也正是我们的锋芒所在，它可以为我们解开工作上的结，也可以让帮助我们的人受伤。所以，我们在对待工作时要锋芒毕露，但在对待朋友和同事时，则需要藏起自己的锋芒，以谦和礼让的姿态去相处。只有懂得适时藏起自己的锋芒，我们才更容易在职场中获得成功。

10. 职场新人要有甘愿做绿叶的心

初入职场，很多新人都可能会遇到这样的情况：“那件事明明是我做的，却被自己的领导抢了功劳。”这种时候，我们该怎么办？是急着和领导辩解，还是先调整好内心的震惊和失落感，谋而后定？

初入职场的陈小乐遇到了一个大客户。为了他，陈小乐忙了整整一个星期，不停地和对方沟通，哪怕是躺在床上，也满脑子想着更好的方案。最后，客户终于认可了陈小乐的提议，签订了合作协议。

之后，陈小乐便按照流程，将策划书交给了自己的直属领导。当时领导还找他询问了关于该方案的具体情况，陈小乐也如实告诉了对方。

几天之后，公司召开月度例会，老板当众表扬了陈小乐的直属领导，称赞他为公司签了一个大客户，还做出了完美的方案策划书。当时，陈小乐一下就懵了，因为老板提到的客户和策划书，正是上司从自己手里拿走的。但听着老板的意思，这件事却是上司一个人完成了，跟自己毫无关系。

看着被老板夸赞的自己的上司，陈小乐心里感到异常委屈。"难道新人就活该被抢功，活该做绿叶吗？"

其实，作为职场新人，我们首先要做的就是摆正自己的心态，有甘做绿叶和配角的心理准备。我们要相信，只有自己的领导不断地认可我们的能力，我们才有机会做主角，拥有自己的光环。

况且，随着社会竞争的日趋激烈与残酷，我们要想在这种竞争中立于不败之地，学会甘当绿叶，无疑是一种智慧的选择。在职场竞争中，一个拥有"敢为天下先"的勇气和魄力的人，是让人赞许的。但如果我们把握不好"敢为"的"度"，处处都"敢为"，很可能就会给人一种不够老练、善于卖弄的感觉，甚至会被看作是有勇无谋之辈。

更何况，甘当绿叶还是一种谦虚与合作的态度。因此，只有学会甘当绿叶和配角，我们才能从主角那里学到最需要的东西，主角也才会尽心尽力地向我们传授专业知识、工作技能，甚至是处事技巧。但如果我们在羽翼未丰的时候，就不加考虑地表现自我，总想成为主角，那别人就可能对我们产生防备之心，从而导致我们在以后的工作中处于被动的局面。

由此可见，学会甘当绿叶是非常有必要的，我们可以在充当绿叶中学到相关的知识和处事技巧，为以后的职业发展奠定坚实的基础。因此，当我们在工作中碰到大家都能做的事情时，先不要抢着表现自己，因为这样的事情即便我们做成了，也不会获得别人的夸奖，反而会引起别人的不满，激化彼此之间的矛盾。

但如果遇到了别人做不了的事情，我们不妨勇敢地站出来扛起责任，这才能显现我们的英雄本色。这个时候，如果我们成功了，就会获得别人的赞许，并从中获得高人气和好机会。即便没有成功也无所谓，只要我们表现出一种谦恭之态，别人也会体谅我们。

李金羽是中国顶级足球联赛进球纪录的保持者，在他无缘参加亚洲杯之后，又一次进入了国家队，准备向2010年南非世界杯冲锋。但遗憾的是，在中国队与缅甸队的比赛中，李金羽却不在福拉多的首发阵容之中。

在接受记者采访时，他却从容地表示："能够入选国家队已经是一件很幸福的事情，我是一名老队员了，知道自己的责任。假如做不上主角，那就努力把配角这个角色'配'好就是了。"

"我从来没有怀疑过自己的实力，但也体谅每位教练做出的选择。我是一名球员，能做的事情就是把自己的状态调整好，随时准备听候国家队的安排，现在岁数大了，更加珍惜入选国家队的机会，不论是上场还是不上场，不论是首发还是替补，我都会把自己应该做的事情做好。"李金羽说。

甘当绿叶的前提，是要求我们应具备过硬的心理素质和实力储备。只要我们的心理素质过硬，并且对自己的实力有足够的信心，做起事来就不会成为众矢之的。在这种条件下，只要我们能事先考虑好各种不测和意外，随时做好把责任扛在肩上的准备，在关键时刻展现自己的实力，就能更具竞争力。

第三章　有大局观，用老板思维做事

1. 为了大局利益，勇于牺牲个人利益

有人觉得“坚持公司的利益高于一切”不过是个口号，实际意义不大。事实上，公司是全体员工的生存平台，一旦有人把个人利益凌驾于公司利益上，轻则自己革职走人，重则损害大家的利益，砸了老板或大伙儿的饭碗。

北方一金属冶炼厂因为原料输入渠道发生了变故，原料的供应迟迟连接不上，但与商家签订了具体的交货日期，不能再延迟了。为了使产品如期完成并交货，公司领导决定增加夜班，争取在合同期内完成产品供应。

这时，就有员工不愿意了：“上夜班太毁身体，我坚决不能参加。”“我家有小孩子，晚上上班了没人照顾呀。”“我不稀罕这点加班费，我就不上夜班了。”

员工们都不配合，厂里只好取消夜班计划，产品的生产也迟迟跟不上进度。最后因时间紧迫金属冶炼厂没有按期交货，按照合同规定，扣除了大笔的违约金。厂方受到损失，员工奖金福利大大减少。直到此时，这些员工才知道后悔。

那些只想着自己的眼前利益，却不能与公司同舟共济的员工，心中普遍存在两个错误认识：一是认为个人利益与公司利益是对立的；二是认为个人前途与公司前途没有关系。事实上，从我们进公司的第一天起，我们和公司就已经

成为了命运共同体。

从一个时间点上看，个人利益与公司利益之间难免存在着你多我少，或者你少我多的选择，个人利益和公司利益是冲突的；但从一个较长时期来看，个人利益与公司利益绝对是统一的。公司效益高、发展好，给员工的福利待遇就有相对大的空间。反之，那些效益差的公司，应付日常周转都很吃力，哪还有闲钱给员工提高待遇！

况且，我们的大半生都是在工作中度过的，公司就是我们第二个栖身之地，就算做不到像维护自己的家一样去维护公司利益，也不该太计较一时的你多我少。相信如果我们都能把目光放长远一点，今天少索取，明天就能获得更多。

一家创科公司在碰到资金链安全检查期间，出现了很严重的亏损，经营一下子变得困难重重。为了扭转局面，这家公司做出了一项人事管理决策，让公司所属工厂的大部分员工暂时离厂回家待命，直至数月后才开工。

员工都十分理解公司的决定，以团体的利益为上，被命令离厂的工人没有怨声载道，而是服从指挥，相继离厂。留下来的员工则更加奋发努力地工作，使得公司得以重新振兴。

员工们愿意舍小利救活公司，公司也没有忘记这些员工在当初做的牺牲，以很多种方式对其进行弥补和奖励。

世界上许多知名企业之所以成功，很重要的一点就是有一支优秀的团队。企业里的每个员工都有很强的团队意识，把公司利益放在第一位，个人利益服从团队利益。可见，团队与个人利益是在共同利益的基础上的，只有将团队利益放在高于一切的位置上，服从组织做出的正确决策，才能在企业进步的同时，得到最大的个人利益。

虽然这样做，有人会说比较愚昧，但恰恰这是智慧的体现。当我们努力实现自我的时候，我们得到的将会更多。一般除了知识和经验的积累，我们还会得到上司的器重，被委以重任。当公司的效益好了，我们自然会得到自己应得的那部分利益。

所以，我们要尽量平衡好公司利益和个人利益。这二者之间的关系并不是互相矛盾的，关键要自己去梳理二者之间的关系。

为了大局着想，我们应该牺牲掉暂时的个人利益。那些在大是大非面前，只看重个人利益的人，实在是鼠目寸光。只有将自身的发展依托于公司的发展，我们才有动力随时随地通过学习自我提升，为公司和自己创造更多的利益。

当然了，在日常维护集体利益的同时，我们也必须保护个人利益不受侵犯。个人利益和集体利益的实现，需要双方共同的努力。相信我们能够在大局面前，做出准确判断，失一时之利，换长久之计。

2. 想老板之所想，急老板之所急

英特尔总裁安迪·葛洛夫在加州大学伯克利分校演讲时，对毕业生们提出了以下的建议："不管你在哪里工作，都别把自己只是当成员工——应该把公司看作是自己开的一样。"这是在告诉我们，以老板的态度来对待公司，提高自己工作的主动性，将使我们受益匪浅。

张铭到公司做销售时，每天的工作就是最少要向外打80个电话。当老板在公司里时，他一直都在努力地打外呼，表现不错。可当老板外出时，他就开始"偷工减料"，心里总是想着"反正我就是一个打工的，不用那么卖力"。

在打电话前，别的员工都在为打电话做准备，他却从不认真准备，只想着完成数量就可以。一段时间过去了，因为张铭没有为公司拉来有效客户，被老板解雇了。

有的人认为，公司是老板的，我只是替别人工作，工作得再多、再出色，得好处的还是老板，于我何益？

这种想法和做法，其实无异于在浪费自己的生命和自毁前程。一个在事业上获得成功的经理说："除了那些含着金钥匙出生的富翁第二代，绝大多数老板都是从打工做起的，而一个人打工时的心态是决定这个人日后是否会成为老板的一个关键。"

在职场中，凡是能站在老板的角度，以老板的思维去对待公司和工作的，往往能得到更多的升迁和加薪的机会。相比于在公司里高高挂起，只做自己事的员工，老板更欣赏的是那些既能做好事，又能想老板所想，以公司为最大利益的新型员工。

崔鹏连续三年都被评为优秀员工，在进公司的时候，老板经常给他安排一些棘手的任务，或是让他到各地出差，而这些工作内容中有很多都不是他的分内事。那段日子他总是起早贪黑，朋友劝他别那么拼命，他却说："我知道这件事情比较棘手，老板心里比较着急，他让我做就是信任我。"

老板只要外出不在办公室时，有些员工便不再积极工作，但崔鹏还是一如既往地努力工作。因为他总能站在老板的角度想："我要是做老板了，我会要求我的员工们都积极做事，而且不用我的监督，他们一样能做好，能时刻维护公司的利益。只有拥有这样的员工，我的公司才能不断发展壮大。"

崔鹏不但经常站在老板的角度思考，还将公司当作自己的公司，认真考虑自己所在的职位应该做到什么程度才合格。

就这样，无论老板交代崔鹏做什么工作，不管老板在与不在，他都非常努力。一年下来，他的业绩是公司里最好的。而他的勤奋也没有白白付出，老板提升他为业务部经理，月薪也翻了两倍多。

进入职场后，我们不能只考虑自己的利益，还应该多从公司的角度出发。俗话说，"大河无水小河干"，企业的利益、老板的利益和员工的利益是紧密相关的，我们最好多站在企业、老板的立场上去思考，把个人的前途、企业的发展和老板的利益结合起来考虑，这样我们才能在事业上取得长足发展。

当站在老板的角度看问题时，我们就会发现老板并不是企业内权力最大、做事最少、可有可无的人，其实老板和我们一样，也在为公司的发展辛苦地忙碌着。“老板”这两个字不仅代表风光和荣耀，也意味着责任与风险。当我们在为公司辛苦奔波的时候，老板也在为规划企业远景、制定发展战略、选人用人等问题上苦苦思索。

想老板之所想，急老板之所急。这不是一句口号，他更像是我们寻求上升的一条捷径，走好了，会受益颇多，身为职场新人的我们，不妨这样试试看。

多去请示老板

在我们开展工作的时候，尽可能地多去请示老板，从而知道他希望我们把工作做成什么样，并保证我们能及时地了解老板的想法。

以老板的心态去对待公司的不良现象

在我们的工作中是否有浪费、迟到等现象？如果我们站在老板的角度来思考，我们会发现这些不良现象的影响是极其恶劣的，它们降低了公司的利润。我们最好反思一下自己在工作中有哪些不良习惯，把这些习惯一一改掉。

向老板学习如何独立解决问题

工作遇到问题时，不妨这样思考：“如果我是老板，应该怎么处理？”为这样的问题寻找答案，我们就能逐渐学会如何独立解决问题。

作为一个职场新人，做事时替老板想一想，主动换位思考，我们的职场之路会走得更加顺畅。

3. 处处维护公司的形象与声誉

每个公司都有一个属于自己的独特形象，或卓越优异，或平凡普通，或美名远扬，或默默无闻……良好的形象能让一家公司在市场竞争中处于有利地位，并且受益无穷；而平庸甚至是恶劣的公司形象，无疑会使它在生产经营中举步维艰。在这里，公司的形象不仅要靠各项硬件设施建设和软件条件开发，更要靠每一位员工从自身做起，从大的格局出发，为公司塑造良好的自身形象。

杨卫华在欧洲一家中等规模的保健品公司上班，公司的产品虽然不错，但知名度却不高。他兢兢业业地工作，从一名普通的推销员做到主管。

一次因为业务需要，杨卫华乘坐飞机出差，没想到却遭遇了劫机事件。后来在各界的努力下，他度过了惊心动魄的10个小时，问题终于解决了。准备走出机舱时，他突然想起，这次的事情闹得这么大，肯定会有不少记者前来采访。“为什么不利用这个机会宣传一下自己公司的形象呢？”他这样想。

于是，他从箱子里找出一张大纸，并在上面浓描重抹了一行大字：“我是XX公司的XX，我和公司的XX牌保健品安然无恙，非常感谢抢救我们的人！”不出所料，他打着这样的牌子一出机舱，马上就被电视台的镜头捕捉到了。一时间，公司和产品的名字便广为人知，客户的订单更是一个接一个。

回到公司后，公司的董事长说：“没想到你在那样的情况下，首先想到的竟然是公司和产品。毫无疑问，你是最优秀的推销主管！”之后，公司不仅奖励了他一笔丰厚的奖金，还任命他为主管营销和公关的副总经理。

这就是一个很有说服力的例子，员工的形象决定着公司的形象。而当我们能时刻想着公司的利益时，自己的利益也将得到最大的满足。同理，如果员工没有这样的意识，那损失的也不仅仅只是公司的利益。

有位职场经理人讲过这样一件事情：“有一回，我和某销售公司的经理共进午餐。每当有漂亮的女服务员走过，他总是目送她走出餐厅。我对此感到很气愤，觉得自己受到了侮辱。心里暗想，在他看来，女服务员的两条腿比我要对他讲的话更重要，简直不把我放在眼里。这样的人居然是一家公司的销售经理，看来这家公司的整体素质不怎么样。”于是，这位经理人就取消了和这家公司的合作，而那名销售经理也因此失去了升职加薪的机会。

由此可见，员工的一举一动，无不在外人的眼中影响着公司的形象。尤其是在客户眼中，员工给客户自信的感觉，客户自然就能感受到其所在公司的实力，员工的谈吐更是影响着公司的形象和声誉。

比如有客户说：“你们公司的管理很差啊。”如果这时员工也跟着说：“是啊，我也觉得难受。”那客户心里可能就会想着，连员工都这么说，那这家公司估计不靠谱。但如果员工这样说：“其实不是这样的，我想你是不太了解我们公司，只要你了解了，就一定会欣赏我们公司的。”

试想一下，即便客户对公司的印象是真实的，那面对这两个不同的回答，前一个回答只会让公司的形象更糟，后一个回答则能挽回一定的形象。

而对公司来说，一个员工如果没有维护公司形象和声誉的意识，那他肯定不是一名合格的员工！而一个四处诽谤公司，总是挖空心思讽刺公司管理人员的员工，不仅会显得素质低下，也证明了自己眼光太差。所以，我们不管走到哪里，都要记得维护公司的形象，这是作为公司员工的基本职业道德和素养。

那么，我们该如何维护公司的形象和声誉呢？

注意自己的言行举止

在日常工作和生活中，我们要自觉维护公司的声誉，与外界交往时，不说、不做有损公司形象的言论和行为。比如跟别人抱怨：“我们老板真是蠢，这么点小事都解决不好。”要知道，在别人面前贬低自己的公司或老板是非常愚蠢的，因为公司的声誉受到损害，我们个人的价值同样也会受到损害。

保证产品和服务质量

保证公司产品和服务的质量，考虑客户的需要和利益，是维护公司声誉的核心要素。因为产品是公司与客户产生联系的纽带，客户是通过对产品的购买和消费，实现对公司的认识、认同和支持的。在这个过程中，只有产品和服务质量过硬，公司才会产生良好的形象和声誉，从而提高我们自身的价值。

要有“救火意识”

当公司面临危机时，要快速反应，极力挽回公司的形象，减少公司的损失。比如面对客户投诉等问题时，我们就应该从维护公司利益的大局出发，认真细致地为客户解决问题，正确化解各种矛盾，积极消除不利影响。而不是对客户的问题置之不理，或者是无谓地传播甚至夸大这些不利影响，散布不利于公司的言论。

4. 决不为利益而出卖公司的秘密

这个社会充满了诱惑，我们说不定什么时候就掉进了陷阱。诱惑随时可以让一个人背叛自己信守的情感、道德和工作原则。在很多公司都有这样的员工，他们为了一己私利，不顾老板和公司的利益，将公司的商业机密出卖给别人。然而，这么做一定会获得成功吗？

蚌埠一家环保设备公司，业务员小李在连接打印机的电脑上发现一个U盘。好奇之下，小李点开了这个U盘，却发现里面存储的竟是公司的核心机密。后来经过侦破，发现这个U盘的主人是公司市场部经理葛芸，从2011年开始，她就利用手中的职务便利，将一笔笔合同卖给公司的竞争对手，从中获取提成。

原来，葛芸的同学张某也在环保设备行业打拼多年，但业绩一直没有起色。

在一次同学聚会中，张某向葛芸暗示，如果能给自己的公司带来业务，将按比例给予提成。

正缺钱用的葛芸抱着试试看的想法，将自己公司谈好的一份小合同交给了张某，老同学没有食言，当即给了葛芸2万元现金。从此一发不可收拾，凡是可以隐瞒的公司业务，葛芸全部交给竞争对手。

为了便于结算，葛芸将业务及好处费记录在这个U盘中。据介绍，从2011年开始至案发时，她已造成公司近一亿元的业务流失。

作为一名员工，不要忘了自己的角色，我们需要为公司争取利益，而不是为你自己争利益。只有公司“发达”了，我们才会跟着“发达”。有时，公司与我们个人在利益上也会发生冲突，但我们千万不能把公司利益置之度外。

一个不忠诚的人，到哪个公司都不可能受到老板的欢迎，哪怕他有多么出众的才华。没有人会信任不忠诚的人。因此，忠于公司就是忠于自己，背叛公司，背叛老板，其实也就是背叛自己，最终的结果就是走向失败。

现在的企业用人，已经将员工的道德水平放到了和才能一样重要的地位。不论一个人的能力有多强，但如果不诚实，人品不好，那企业也是万万不能用的。保守秘密，是员工的基本行为准则，是忠诚于企业的表现；保守秘密，是员工取信于上司的重要一环。很多秘密关系到企业的成败，关系到上司的声誉与威望。身为员工一定要牢记祸从口出的道理，做到守口如瓶。

保罗在一家生物科技公司担任重要职位，工作几年后，保罗觉得公司不再适合自己，决定去全美最大的生物科技公司应聘。

面试保罗的是这家公司技术部门的总经理，面试过程中，保罗的工作能力得到了总经理的认可，就在保罗认为一切都没问题时，总经理却向他提出了一个问题：“我听说你原来的厂家正在研究一个新的生物项目，你在研发团队中，正巧我们公司也对这个项目很有兴趣，如果你能把你原来公司研究的具体情况和成果详细告知，那你很快就能获得我们公司的入职通知。”

“不能否认市场竞争确实是需要一些非常手段，但是我不能答应你的要求。

因为对于企业的商业机密，我有义务保守，也必须保守。哪怕我已离开那家公司，我仍然会这么做。”保罗身边的人都为保罗的回答感到惋惜，因为能够进入这个公司，是很多人梦寐以求的，但是保罗却放弃了这个绝好的机会。

就在保罗准备寻找另一家公司的时候，那位总经理给保罗来了一封信，在信中他这么说：“年轻人，你已被我公司录取了，因为你是个对企业忠诚的人，我们也选择相信你。”

俗话说：“一言不慎身败名裂，一语不慎全军覆没。”一个企业的机密信息是企业赖以生存的资源，如果遭到了泄露，使得企业蒙受损失，员工也不会有什么好处，因为员工的命运和企业是息息相关的。一个自律的员工应该具备的基本素质就是要自觉保守公司的秘密，绝不做出卖公司、出卖老板的事。

在实际过程中，保守公司的机密要做到以下几点：

一般来讲，领导没有对我们讲的不要问，没有让我们看的不要看，不该我们知道的不要去打听；已经知道的要守口如瓶。增强为公司保守机密的意识，要像国家军人一样严守保密纪律，即使在朋友或亲人面前也不要透露公司的商业机密。

当有人向我们询问关于公司的事情时，应该采取避重就轻的回答方式，或直接告诉对方无可奉告。因公出差的时候我们要时刻保持警惕，保管好公司的机密文件，留意自己的言行举止，不要在无意中泄露公司的机密。

总而言之，我们需要时刻谨记：世间所有成功的组织，当他们在选择其组织用人的价值观的时候，无不以忠诚为核心品格。更有一些优秀的企业，他们在制订组织的核心价值观的时候，也将“忠诚”纳入其列。比如索尼的招聘原则：“如果想进入公司，请拿出你的忠诚来。”

5. 杜绝浪费，节约公司资源

张晓每天早上到公司第一件事，就是把墙上的照明开关全部打开。办公室里人多，她想使用空调又怕有味，于是一边开着空调一边开着窗户。领导交代张晓写一份项目报告，她写完后直接打印出来，却发现标题有错别字，改了错别字又重新打印……

张晓的行为其实是整个上班人群日常浪费的缩影，平常紧张的工作和快节奏的生活让我们没有形成节约的意识，且认为自己的行为没给公司造成什么损失。甚至有的人明知会造成资源的浪费，却也满不在乎。

杨诚是厂里的老员工，平时工作勤勤恳恳，对工厂的一草一木也用心呵护。一天，杨诚恰巧经过厂房，发现厂房里工人都已经下班，而灯却还全亮着。他是厂里的老员工了，工作了快20年，最见不得的就是有人浪费工厂的资源财物，尤其是水电的浪费，让他十分心疼。于是他下决心要找到浪费资源的这个人，好好教育他一番。

后来他一一询问，才知道那晚不关厂房电灯的是新来的员工刘东。于是杨诚就找到刘东，问他为何下班的时候不关电灯。刘东听了一脸不耐烦地说："我就是忘记关灯，这能算什么事啊，除了你，别的同事谁会在意啊！再说了，厂又不是你开的，你瞎操什么心啊。"

听到刘东这样的回答，杨诚才知道平时大家都这么漠视厂里的公共资源，不禁感叹厂里的浪费是多么严重。

现实中，一些员工没有成本意识，他们对于公司财物的损坏、浪费熟视无睹，使公司的开支增大，成本提高。我们辛苦地工作就是为了给公司带来好的效益，自己能从中获利，却不知杜绝浪费、控制成本，也是在为企业创造效益。那些触目惊心的成本，其实就体现在我们常常视而不见的细枝末节之中。

节约一分钱，等于为公司赚了一分钱，就像富兰克林说的那样：“注意小笔开支，小漏洞也能使大船沉没。”节能降耗、降低经营成本既是每一名优秀员工应尽的责任，也是员工忠诚品质的体现。

公司的财产虽然不是自己的，也不能铺张浪费，浪费本身就是一个错误的行为。浪费资源、破坏环境直接威胁到我们自己的生存。因此杜绝浪费不仅仅是节省成本的事，还有利于改善我们的生存环境。

现在很多企业都特别注重办公室资源浪费、公司资金浪费的问题，领导们不但在日常会做出要求，甚至在招聘用人时，也将其作为考核的标准。

冯凯和王涛到一家公司应聘，两人都很幸运地一起进入了复试阶段。公司总经理交给冯凯一项任务，要他去指定的一家商场买一盒签字笔。距离要去的商场不太远，总经理建议他乘公交车去，自己买车票，回来给公司报账。

过了一会儿，总经理又吩咐王涛去那家商场买一瓶墨水。没过多久，他们两个先后回来了，然后在总经理面前报账，冯凯除了买铅笔的钱，来回坐车的钱是2元。而王涛除了买墨水的钱，来回坐车的钱是4元。

原来，时值盛夏，天气酷热，冯凯坐的是普通公交车，所以票价只要1元。而王涛因天气热坐的是空调公交车，上车就要2元。所以，王涛的车票钱和冯凯的车票钱不一样。

最后，冯凯被公司录取了。总经理是这样对他们说的：“有成本意识、懂得为公司节约的人，将来才能为公司赚钱。”

由此可见，每个公司的老板都希望员工能处处为公司着想，具有节约意识。当今行业竞争激烈，公司的生产经营从原料的购进费用，到加工费用，到产品销售费用，每个环节都要一分一厘地核算，可以说公司的利润来之不易。节俭既是节约资源、降低成本的需要，也是作为一个现代企业应该具备的基本素质和文化。

因此，我们作为职场新人，要懂得自觉节约公司资源，这不但是在为公司、为自己增加效益，还能获得领导的赏识和喜爱。有一些具体做法可以参考。

比如从小处着手，每一次用水用电时，有意识地培养自己节约的习惯。办公室里的办公设备，要有节制、有区分地使用，一般这部分的浪费最为严重。公共物品的爱护，应该人人有责。另一方面，这也提醒公司应该加强管理，建立健全各项管理制度。实行集中办公、敞开式办公，做到互相监督。

无论公司是大是小，是富是穷，我们作为公司的一分子，使用公物都要节俭，出差办事，也绝对不能铺张浪费。办公室里的节约不损害部门利益，不损害个人利益，只要稍有一点责任心，做起来并不难。

6. 公司遭遇困境时，不离不弃

电视台报道过这样一则新闻：杭州一家公司经营遭遇困境，员工集体写励志书感动老板。这件事之所以会成为新闻，是因为大多数情况下，公司一旦遭遇困境，员工便会纷纷辞职，自谋出路。

哪个员工不希望自己的公司能够不断发展壮大？但是，公司在发展过程当中难免会遭遇困境，当公司遭遇困境时，我们应该怎么办？是“树倒猢狲散”另谋高就，还是不离不弃，与公司共渡难关？

王琳毕业后进入一家酒店工作，临近过年的时候，眼看着其他公司、单位都给员工发放各种福利，但是她所在的酒店不仅没有福利，连工资也不按时发放。她感觉到这次公司肯定遭遇了大的经济危机，便想赶紧溜之大吉。

但周围的同事们顾虑重重，原来他们在酒店工作十几年了，对单位有了感情，认为自己一走，酒店就更难了。王琳却不这么想，她只害怕自己不走，白干活，最后吃了亏。所以她立即向领导辞职，离开了酒店。

后来她跟一位原来的同事联系，才知道就她一人离开了公司，大家都还在呢，酒店已获得一笔资金支持，渡过了难关。

企业如船，员工就是船员，同舟共济，才能顺利到达成功的港湾。

可在一些员工的眼里，似乎从来没有把公司的发展当成自己的责任，他们心里永远只有自己的利益。一旦公司出现什么危机，他们会以最快的速度跳下这艘漏水的船，而不会想着如何去抢救和保护它。

尤其是步入职场时间较短，对自己和公司的关系还没有认识清楚的职场新人，很容易就会被局限在自我的利益里。

宜春经济开发区有一家仅有不到20名员工的“袖珍”企业，这个小公司于2004年创办，因为技术创新，他们研发的全自动无塔供水设备受到了多方关注，还连续三年上了国家目录，产品也广销各地市场。

但在2011年，该企业却遇上经营“寒流”，当时，很多企业都面临着原材料紧缺、技术成本高、物流费用增加、工资上涨的多重压力，这间小公司只能尽力在采购和销售上压缩成本，争取躲过这次经济“寒流”。可后来货款未能及时到位，而银行贷款又到期，老板急得团团转。

员工们见公司遭遇大的危机，第一时间团结起来，尽自己之力帮助公司继续运转，保证不停产。很多人从家里拿出积蓄，几天时间就凑了很多钱出来交给老板。当时，看着员工们送来的一笔笔钱，老板感动得直流眼泪。员工们都表示，公司就是大家的“家”，有困难一起面对。

现在企业已经成功渡过危难，生意也恢复了往日的红火，当初选择和企业共患难的员工们也正开心地在厂里工作。

职场中有能力的人很多，但不是人人都能在公司遭遇困境时，和公司同舟共济。事实上很多企业包括世界500强在内，他们都渴望吸收有能力又能雪中送炭的人才。因为在老板眼里，能与公司风雨同舟，关键时刻不离不弃的，就是最出色的人才。

搜狐公司首席执行官张朝阳当初也有这样的经历，他曾在美国的ICI公司工作过，谁想不幸遇上公司融资失败，前途一片灰暗。但张朝阳没有立即选择离开，而是继续留在公司。不久后，ICI公司走出困境，开启新的篇章，他也庆幸自己没有草率离开。

当公司遭遇困境时，张朝阳确实是处在被动的状态下，但他没有着急，反而在公司里踏踏实实地把工作做好，同时对公司做着精确的分析。所以当公司前途还不清楚时，我们迅速辞职未必明智。

当公司遭遇危机时，我们不妨先冷静地分析公司的发展，是否真的再无挽回的余地。如果有机会施行整改，公司又是否会重新站起来。况且，我们也不能总持悲观态度，很多事情也只是表象凶险，我们可以先保持冷静，静观其变，等公司结果正式出来再决定去留。

我们进入职场，就要学着做一个有格局的人，不能一遇到什么风浪就急于抽身，社会再功利，也是由人组成的，是有人情味的。当公司遭遇危机时，你若能伸以援手，和公司一起迎接困难，公司也一定能回报于你，并且经历一场危机，你也能更快速地成长起来。

7. 敢于承担责任

责任感是评价一个员工的重要指标，公司需要有责任感的员工，但出于趋利避害的本能，很多人都习惯逃避责任，能够真正担当责任的人很少。因为我们在承担责任的同时，还意味着需要承担风险，万一做不好，会面对什么样的惩罚就不好说了。因此，职场中的很多人宁愿什么都不做，也不肯承担责任。

这就是典型的“不求有功，但求无过”的心理。这样的人在职场中虽然少有磕磕绊绊，却是没有大局观的，也很难有长远的发展。他没有看清楚，承担责任虽然要承担风险，但也孕育着机会，这对于我们职场生涯的发展，有着莫大的好处。

孙庆飞在一家刚刚起步的小公司上班，一开始并没有什么外贸业务，自然也没有这方面的人才。后来随着公司的发展，公司的外贸业务越来越多。一天，老板安排员工去办理外贸业务时，没人愿意接这个烫手山芋，孙庆飞却主动请缨。

老板问他："你懂得外贸业务？"孙庆飞说："不懂，但是我可以学啊！"

谁也没有料到，这个没人愿意承担的责任会变成孙庆飞一路扶摇直上的机会。几个月之后，孙庆飞就成了公司不可或缺的外贸人才。随着公司规模的不断扩展，他成了专门负责外贸业务的主管。

几年后，孙庆飞辞职创办了属于自己的外贸公司。而他曾经在办理外贸业务时认识的客商，则成了他公司发展的最大助力。

主动承担责任不仅是为公司分忧解难，也是为自己赢得发展的机会。逃避责任虽然可以不用承担风险，但长此以往，我们必然会落后于人，职业发展也不会有起色。这样的人或许会在某一天成为公司的负担，毕竟"不做事才是最大的风险"。

另外，每一个工作领域都有自己的"最佳选手"。如果我们希望自己成为职场上的"最佳选手"，那从现在开始，我们就必须停止对困境和挑战说"不"。一般像"我不会做这个""我没做过这个，我做不了这个""我现在没时间做这个"……统统都是阻碍我们成功的毒咒。

在面对困境的时候，我们最应该做的，就是放弃一切借口，让自己全身心地投入到工作中。

一般领导在给我们分配工作任务的时候，肯定会提前考虑我们的能力。除了对方想要故意给我们"穿小鞋"，否则领导是不会给我们安排自己无法承担的任务的。况且，每个领导都有一定的过人之处，对我们无法完成任务后造成的损失，同样也会有所准备。

因此，当领导交给我们一项任务时，我们的态度应该是"这个我做起来虽然有些难，但是我会尽力"。然后再使上全身的力气，把这问题解决掉。

万一出现的问题是我们现有能力无法解决的，我们也可以提前和领导沟通，以便让对方可以有更多的时间来保证问题的解决。这个时候，切忌硬撑，如果我们在最后关头提交出完成度很差的结果，那无论对我们还是对领导都是损失。

每家公司都会非常欢迎乐于承担工作的员工，毕竟谁也不会喜欢遇到问题就推三阻四、找出一大堆借口的人。

李明明在一家建筑公司任设计师，由于她是公司唯一的女设计师，所以工作压力非常大。她常常要跑工地、看现场，为不同的客户修改工程细节，工作异常辛苦。即便如此，她也从没有抱怨过，也从不因为自己的女性身份而推脱、逃避强体力的工作。像实地考察、野外勘测等对男同事来说都是十分辛苦的工作，她从来二话不说，都会积极去做。

一次，公司为一个客户安排设计方案，因为只有三天，时间太短了，大家都不愿接受这项工作。最后老板权衡再三，决定把这项任务交给李明明。虽然觉得有些难度，但她还是爽快地接受了，并马上赶往现场查看。那三天里，她食不知味、寝不安枕，满脑子都是方案和设计图，终于如期上交了一份完美的设计方案。

李明明这次的表现得到了老板的大力赞赏，她很快就获得了加薪和升职，更一跃成为设计部的大红人。

如果我们能像李明明一样，积极落实上级派遣的任务，并主动承担责任，那不仅可以很好地维护公司的利益，还能让自己的能力和素质得到大幅度提升。最重要的是，能够有效体现出我们对工作认真负责的敬业精神，当老板把这一切都看在眼里、记在心上时，我们的晋升之路就会更为顺利。

有些员工害怕自己做错事情，更害怕承担责任。所以在事情做不好、任务完不成的时候，总会抬出借口。他们宁愿花费时间和精力去找借口来逃避责任，也不愿花费同样的时间和精力来完成工作。这样的人在工作中，大多遇攻则降，一败就涂地，结果自然毫无建树。

而那些勇于负责的员工，虽然需要承担“枪打出头鸟”的风险，但他们却真正将自己的人生握在了自己的手中。

8. 结果导向：一切只看结果

身处职场，无论我们是励志、打“鸡血”，还是大口大口地喝“鸡汤”，如果没有产生有利于公司的结果，都是没有用的！比如有人热衷于加班，每天早出晚归，忙得各种职业病都出来了，但如果没有给公司带来价值，同样会被淘汰掉。

可能有人表示不理解：“我那么拼，我连自己的业余时间都牺牲了用来工作，为什么你们看不到，我最近也没犯什么错，凭什么这么对我？”殊不知，职场在很多时候就是那么不讲情面。要知道，一个公司小到专员，大到CEO，都是盯着工作的目标和绩效的，如果目标没有完成，即便是CEO也要下岗。

杨玉清刚参加工作的时候，一次家中老人突发疾病，在医院守了一夜。第二天，上级领导要来公司检查工作，公司要求全体员工都要去参加工作汇报会。一夜未眠的杨玉清，忍不住在会上打起盹来。此时，坐在旁边的主管使劲推了他一把，严厉地说：“这是什么场合，你怎么能睡觉呢？”

当时杨玉清觉得委屈极了，想着：“我又不是故意的，我在医院待了一夜你知道吗？一晚上没合眼的滋味你知道吗？我打盹肯定有我的苦衷呀，什么都不问，上来就批评我，凭什么？”

几年后，有着一定工作阅历的杨玉清再回过头来看这件事。他开始明白：当时的主管没有任何问题，不论自己有什么苦衷、多么让人同情和可怜，在那样的场合中打盹，那就是错的，没有任何借口。

这就是职场上残酷的“结果导向论”，即一切只看结果，一切只服务于既定目标。这种结果导向看起来虽然理性得可怕，但它却真实地存在于职场的潜规则中，并以一种潜移默化和约定成俗的方式，存在于我们每个人的意识中。

但大多数人似乎更倾向于“过程导向论”，就是当自己的工作没有做好，没有达成让领导、同事或客户满意的预期时，有些人就会有各种借口或理由。比如“我不认识路”“我是理科生，写材料很痛苦的”“最近失恋心情不好”“我家里有事，昨晚没睡好”等。但这些借口，并不能成为我们没做好工作的理由。

想想看，难道你不认识路，别人就该包容你迟到40分钟吗？你是理科生，材料就可以不好好写甚至不写吗？你失恋心情不好，就可以对来办事的客户板着一张脸吗？你因故晚上没睡觉，就可以在重要场合打盹吗？

在职场中，尤其是在一个管理完善、体制成熟的工作环境中，我们的老板、领导、同事，或者是我们的客户，他们对我们本身发生了什么事情并不是很关心，他们只看到事实和结果，就是：你没把工作做好！

贾亮是一家知名管理咨询公司的业务经理，每次在接受客户委托之前，他都会先去拜访该客户组织的高级主管。在询问对方一些关于业务委托方面的问题之后，贾亮总要向这些高级主管提些“你们公司现在聘用的员工数量是根据什么做出的”之类的问题。

根据贾亮的统计，大部分主管的回答都是这样的：“我负责的是财务。”或“我主管的是销售。”还有一些人的回答是：“我掌管的员工是100名。”只有很少的一部分主管会回答：“我的责任是向管理者提供决策所需要的正确资讯。”或“我的工作是比去年的任务量提升30%。”

不同的回答能够反映出人们对待工作价值认识的差异，也正是因为这种认识上的差异，才导致了“把问题留给老板”，还是“把业绩留给老板”这两种行为上的差异。一般那些清楚自己的工作使命，善于把业绩留给老板的人，会将自己的注意力投向公司和个人的整体业绩，而不只是自己的报酬和升迁。

这样的员工大多具有广阔的视野和格局，他们会在工作中认真考虑自己现有的技能水准、专业水平与所在部门或公司目标之间的关系。他们还会从客户，或者是消费者的角度出发考虑问题。因为不管生产什么产品、提供什么服务，归根结底，其目的都是为了帮助客户或消费者解决问题。

这个时候，那些把业绩留给老板的员工，就会经常自我反省，去思考“我究竟做了什么”这样的问题。这有利于提高我们的工作责任感，并充分发掘自己具备但还没有被充分利用的潜能。

9. 不只是达到要求，更要超越老板的期望

身处职场，如果每次的工作任务都能达到老板的要求，那我们就能称得上是一名合格的员工，以后不会失业，或许还可以得到晋升。我们如果无法给老板留下深刻的印象，就无法成为老板的重点培养对象，更无法在职场中达到自己事业上的顶点。想要在职场上获得成就有一个秘诀，是不要只干老板让我们做的事情。

当我们只按老板交代的任务去执行时，我们永远无法脱颖而出。因此，在老板给我们分配任务的时候，一定要多长个心眼，比如提出一些自己的建议或改善意见，让任务完成度提高到150%。这并不苛刻，要知道希拉里的目标更高，她要求：“一定让雇佣我的人或者是接受我提供的服务的人感到200%的满足感。”况且，只有我们做的超过老板对自己的期望，才能让他的眼睛一亮，才能让我们获得更多机会。

陆明和王元同时进入一家服装制造公司工作，一年后王元得到了升职加薪，陆明却还是老样子。对此，陆明愤愤不平地找到老板：“我们是一起来的，凭什么给他升职加薪？”老板对陆明说：“既然你觉得不公平，那我现在就给你一次机会。你到市场上去考察一下丝绵布料的价格。”

陆明按老板的要求去市场上考察了一番，回来告诉老板布料的价格。老板接着问：“市面上共有多少家卖这种布料的店铺？”陆明摇摇头，说自己不知道。“那你再看看王元是怎么做的。”接着老板叫来王元，并给他安排了同样的任务。

王元从市场上回来后，不但回答了布料的价格是多少，还告诉老板市场上有4家卖这种布料的商店，对该布料的市场潜力也做了相应的了解。而且为了让老板能更清楚地了解情况，他还以合作的名义，将布料质量最好的一家商店的老板请了过来。

看到这里，陆明惭愧地低下了头。

由此可见，同样的工作在不同员工的眼里，不仅被赋予了不同的内容，也被赋予了不同的价值。而我们要想成为老板心目中有价值的员工，就需要我们能够自动自发地增加工作内容，并做出远远超过老板预期的结果，让老板产生喜出望外的感觉。这样一来，我们不仅增加了工作内容，而且也增加了自己的价值。

而在“不断超越老板期望值”这个过程中，我们首先要做的，就是理解老板真正想让我们干什么。如果我们费尽心思，做的却是老板没必要知道的工作，那再怎么努力也不会得到老板的好评。

售后部的刘佳佳从主管的办公室出来后，就一直闷闷不乐的。同事问她：“佳佳，怎么了？挨训了，还是工作不顺利？”

刘佳佳：“别提了，主管交代工作总是不清不楚的，谁能做好？这不，刚做完的任务，又要返工了。”

佳佳的这个任务是上个月底时，老板在公司例会上提出来的。希望拍个视频教程给售前团队用，主管立刻表示肯定能做好，回头就将这项工作交给了刘佳佳。

而刘佳佳却因为没弄明白老板需要一个怎样的视频，直接找业务部门沟通后就做了一段。今天拿着视频去给主管汇报，对方非常不满意，说她连话都听不懂，直接要求返工。

为了拿出超越老板期望值的成果，我们在接受工作任务的时候，应该先向老板确认一些内容。比如工作的背景和目的，即便是很小的一项工作，同样需要对其背景和目的进行仔细确认，这样才能帮助我们明确工作的方向。

另外，我们有时候可能会接到比较模糊的工作指令，比如“大致调查一下某公司的新业务”之类。这种时候，我们所理解的“大致”和老板要求的“大致”，很可能就会存在一定的偏差。

所以，我们就需要在这时候去补充老板模糊不清的部分，不能从自己的角度作出假设，而是与老板进行沟通。比如具体询问一下对方：“您说的大致调查，我觉得可以从价格体系、市场目标和服务特征这三个方面入手，然后每方面总结一页，您觉得可以吗？”如此，才能让我们的工作目标更加明确。

最后我们还需要根据老板的要求，对工作的质量进行推测，毕竟工作质量和期望有着最直接的关系。比如我们对老板说：“某公司的价格体系我们准备做一页总结。”这个“一页”，那一般只需要一个概要；但如果老板说“这项总结要三四页”，那就是要求我们去做更加细致的调查。

除此之外，我们还可以通过资料用途来推测老板对该项工作的质量要求。比如这份资料是给客户看的，还是准备作为公司内部用的？或者是给投资方看的？目的不同，老板对工作质量的要求肯定也不一样。

总而言之，真正优秀的人总会比常人多走一步路，及格是远远不够的。只有不断超过别人对自己的期望，并随着公司和自身的发展，把内心的标准提得越来越高，我们才能在职场中立于不败之地。

10. 想升职，先学着站在更高的角度思考问题

想在公司获得更好的发展，我们就必须学会站在比自己现在更高的角度去思考问题。只有这样，才是一种大格局的表现，我们才能不断进步，让自己的职场之路越走越宽。否则，我们就只能待在普通员工的位置上，永远没有出头的机会。

康倩倩是某外贸公司的员工，一天，她向部门经理提交了一份报告。在报告中，她详细汇报了自己的工作，并列出了她所遇到的所有问题。

看到康倩倩的这份报告之后，经理特意把她叫到办公室，问她对这些问题有什么看法，以及她准备怎么解决这些问题。谁知，康倩倩却理所当然地回答说："问题我已经提出来了，至于怎么解决，并不是我该考虑的。毕竟我的职位低，我不能说让别人怎么做，这是领导的事情。"

每个人都希望自己能在工作中有出色的表现，更希望自己有机会做到主管、经理，或者是更高层领导人的位置。但如果我们有康倩倩这样的想法和做法，那我们的希望就只能是希望，不会有实现的一天了。

当然，有人可能会觉得，自己只是个小员工，工作中遇到这样那样的问题，找自己的上司来解决是为了更快更好地完成工作，自己并没有什么错。这样想是没错，毕竟公司里每个层级能够支配公司资源的内容和范围都不同，考虑问题的高度自然也不一样。但这并不代表我们一有事就要去找自己的领导。

一般情况下，一个有大局观的员工，首先会考虑的应该是：如果自己是经理，我应该如何去处理这样的矛盾和问题，也就是从整个公司或整个部门的情况去考虑自己该如何去做。这才是一种具有全局思维的思考方式，而这种思考本身就是一种锻炼和提高。如果我们没有经过这样的锻炼，即便公司想要提拔我们做主管、经理，我们也不知道该从何做起。

由此可见，我们思考问题的方式，有时可能会比获取知识更加重要，因为思维方式能够决定知识的使用方向和方法。只有我们的思维方式有所创新，新知识才能源源不断地产生。

孙东东大学毕业后，直接进入一家外贸公司工作。在熟悉工作的过程中，他发现销售部的月度方案中，每个人都有一个促销计划，他就问销售人员："为什么一定要促销？""促销的前提是什么？""促销的本质是什么？""促销的目的是什么？""促销有什么替代方案？"

一开始，孙东东觉得大家看他就像看外星人一样，因为对于已经习惯促销的销售人员来说，这些问题都显得太幼稚了。但真正能回答他这些问题的人却不多，因为大家已经习惯了不去思考，而且当初公司的培训老师就是这么教他们的。

会问“为什么”，其实就是一种获得创新思维的方式，能够帮助我们站在更高的角度看待自己的工作，做到全面布局，统筹考虑。

比如当我们站在上司或老板的角度去思考问题时，就是站在上司或老板的角度去思考自己的工作内容和价值。这不仅需要明确对方提出的工作目标，还要认真领会上司或老板没有明确提出来的目标，全方位地为对方实现更高的目标服务。

而这，就不再是“完成这个月的销量”这么简单了。因为“完成这个月的销量”只是一个销售人员最简单、最低级的工作目标。但如果我们站在更高的角度，就会发现老板的目标可能是找新机会、新模式，或者新市场拓展、薄弱市场升级、基地市场建设等。当我们悟透了这些目标，才能在完成工作目标的同时，实现老板的目标。

当然，全局观念、战略思维等，并不是天生就有的，而是我们长期学习、努力探索的结果，是融合了知识、才能、修养、智慧等方面的综合反映。当我们真正形成统揽全局的宽阔视野、洞察未来的眼光和战略思维后，就能确保我们在完成每项工作的时候，都能站在高处、看到远处、着眼大处、干到实处。

第四章　宽以待人，获得职场好人缘

1. 把你讨厌的人，当客户看

身处职场，我们难免会遇到讨厌的人。比如我们有时候可能看某个人不顺眼，很想给对方一拳。这种时候，我们该怎么办？

李珂铭是一个负面情绪能量很强的人，主管只要稍微挑剔一下他工作方面的问题，他就会一直把“讨厌主管”挂在嘴上，觉得主管是在“没事找事”。

不仅如此，他跟同事也相处不好。跟他同组的某个同事说话比较嚣张，平时总爱吹嘘自己。就因为这样，李珂铭非常讨厌他，甚至控制不住自己的厌恶情绪，直接跟主管说：“我不想跟这种讨厌的人一起工作。”

前段时间，同组的人一起讨论工作，李珂铭讨厌的那个同事提出了几点意见，大家都觉得不错，表示可以实施。但李珂铭却直接表示反对，并且非常不理智地说：“我不管他说的有没有道理，反正我就是讨厌他，所以我不同意他的观点。”

所谓“君子不以言举人，不以人废言”。如果我们因为讨厌一个人，就不听他的意见，结果是不仅会妨碍我们的工作，更会让自己错失良机。对于我们讨厌的人，可以把他当成客户。客户是能为我们带来利益的人，比如客户购买了公司的产品，公司就能获利，我们才能得到金钱、地位和成就感。

同理，那个讨厌的主管，其实是能给我们机会、决定我们升职加薪的人；而那个讨厌的同事，则可以做一些我们不会做或不想做的工作，甚至有些任务还要靠他帮忙才能完成。如果我们只是一味地讨厌对方，很可能会因为自身情绪而妨碍到工作。

如果这样想，我们就能冷静地克制自己。想想看，“林子大了，什么鸟都有”。也许我们看不惯他背后说别人坏话，表面又装作和别人很亲切，非常虚伪做作的样子。但也没必要因为别人的缺点而影响自己的心情，对方怎么做是他的事情，我们只要做到问心无愧，专注于自己的工作就好。

把讨厌的那个人当成我们的客户，其实是为了自己的“大局”着想。当我们想通了这点之后，我们也就不会再因为讨厌一个人而坏自己的事了。

这种方法不仅适用于我们因为主观原因而讨厌的个别人，还适用于那种大家都讨厌的人。比如有些人的所作所为已经引起了公愤，我们同样可以把他当成难缠的“客户”。

陈浩然在一家广告公司上班，并且非常不幸地遇到了一个难缠的上司。对方时常改变想法，又总是下不了决心，大家私下里都对他咬牙切齿。

一次广告提案，大家把做好的内容交上去，上司却要求他们都按照他的要求去做，完成后，上司又说太普通。反反复复做了二十几个广告脚本，上司都不满意。那段时间，团队所有人都被他“训成狗”，甚至有几位同事因为受不了他而相继离职。

这直接导致人心浮动，但上司依然我行我素。还是陈浩然跟大家说：“大家再忍忍，就把他当成爱找茬儿的客户，再想想这次提案的预算，没必要跟钱过不去不是？”

直到客户要求的截止日期渐渐逼近，陈浩然直接把第一次提案的内容，也是大家认为最好的方案再度交给上司。没想到上司竟然很满意，还说怎么不早点提出来。后来，因为这个提案，整个部门的奖金翻了一倍。

无论我们如何讨厌一个人，但起码表面上的和平还是要维持的，否则吃亏的终究是自己。即便是面对大家都不喜欢的人，我们可以敬而远之，但没必要闹到绝交或离职的地步。

更何况，其实不管是哪种讨厌的人，我们都应该把讨厌的情绪收起来，等到没人时再发泄。如果不能做到，可能当别人可以卖掉100件产品领奖金时，我们却因为讨厌某个人只卖了50件，那岂不是跟自己的利益过不去?

2. 别太把自己当回事儿

有的人坐公交车的时候，眼角总会不自觉地去瞄邻座，感觉有人在注视他；有的人在地铁上会以为别人一直偷瞄他，并朝着自己走来；有的人发现同事凑在一起小声议论，就觉得是在说他的坏话……但事实的真相却是——你想多了!

对于这种感觉，视觉专家科林·克利福德教授专门做了一项研究，结果表明：人们会硬性地感觉旁人在盯着自己，即使别人并没有。他说："事实上，我们'硬性地'相信别人正在注视着我们。"也就是说，我们觉得别人在关注自己，其实是种一厢情愿的错觉。通俗点说，就是太把自己当回事儿。

陈书顾是某公司员工，平时和同事的关系都不错。一直以来，他都留着小胡子，忽然有一天，他想把小胡子剃掉。当时他想："如果我把胡子剃掉了，大家肯定会觉得惊讶，还可能会夸赞我比以前清爽多了。"于是，他把胡子剃掉了。

第二天上班，他满以为同事会对他剃掉胡子的行为发表意见。结果大家匆匆跟他打过招呼后，都急急忙忙去做事了，直到快下班的时候，依然没有一个人对他的改变做出任何评价。

后来，他忍不住问一个同事："你觉得我今天跟以前有什么不同吗？"对方愣了下，将他上下打量了一番说："没什么不同啊。"

一些人总认为自己很重要，觉得别人都在关注着自己，所以做什么事情都显得非常刻意，害怕别人对他品头论足。其实很多时候，这些人都是在“自作多情”，因为大家都有自己的工作，对于与自己无关的东西，并不会过多地关注。与其有时间关注这些，还不如踏踏实实做点儿事。

还有些人是因为学历高或其他原因，总是自命不凡，觉得自己就该是众人眼中的焦点，稍微做出点成绩就骄傲自满，还做出一副孤芳自赏的姿态。殊不知，这是非常惹人厌的。

苏晓丽是某名牌院校的研究生，英语专业八级，在某培训机构做英语老师。刚来学校时，培训机构的老板非常重视她，不仅给了她相对较高的薪水，还特意送她去外地学习和培训，并把一些重要的学生交给她带。

这份特殊的照顾，让苏晓丽的尾巴翘起来了。她自我感觉非常良好，认为自己的能力很强，学校要是离开了她，肯定有好多班级都开不起来。因此，她不但开始在工作上斤斤计较，面对一些同事也是一副高高在上的样子。还要求老板给她涨薪水，否则就辞职，还说：“以我的能力，不愁找不到更好的工作。”

老板没有答应她，因为学校付给她的薪水，在同行业中已经属于较高的了。结果就是，苏晓丽因为已经放出了“不涨工资就辞职”的话，觉得自己如果不走的话，大家肯定会笑话她，到时候自己一定会没面子，所以辞职离开了。

苏晓丽的离开并没有给学校带来什么波动，同事们没两天也忘记了她。而苏晓丽，却再没有找到比这份更满意的工作。

即使你在公司已经取得了一些成绩，也不要骄傲自大，觉得自己所在公司的庙小，容不下你这尊“金佛”。尤其是还没有真正修炼成“佛”的我们，更不能太把自己当回事儿。

这个时候，我们不妨积极地看待现在的身份，正确地评估自己，不要过分看重自己。特别是刚进入职场的新人，因为我们经验相对较少，那不妨就从基层做起。即便一开始不受重视或受到同事的忽视，都是正常的，平常心对待即可。但只要我们真是只“白天鹅”，老板就不会让我们一直与“丑小鸭”待在一起。

更何况，职场新人过早地“崭露头角”，很容易让我们陷入被动局面。如果我们将自己的定位定得很高，并且处处想显示自己的才干和见识，这样就会在无形中对上司和身边的同事产生一种威胁和压力。因为这种压力和关注，当我们有所闪失时，他们的反应就会更强烈，轻则说你欠火候，重则会落井下石。更有甚者，还可能会令我们过早地卷入升迁之争。所以，当我们还不具备厚积薄发的实力时，还是悠着点比较好。努力做好自己的工作，终有一天，不用我们把自己当回事儿，别人也会把我们当回事儿。

3. 不要苛求老板事事都比自己强

曾经中关村流行着这样一句话：“不管你是国产的土博士，还是镀了金的洋博士，纵使你有天大的本事，还不都是给什么也不‘士’的人打工！”从这句话中，我们可以看到什么也不“士”的老板对于领导高智商人群的自豪感和满足感，但也表现出高学历的“打工族”对此的无可奈何和满腹牢骚。

但是，当一个人的这种情绪在心里暗藏久了，就可能摆不正自己的位置，不再心甘情愿地去执行老板安排的工作。尤其是当我们的老板学历不如自己的时候，这种情况出现的次数就会不断增加。

职场新人在刚进入一家公司后，大多喜欢用审视而非欣赏的眼光去看待公司、老板和自己的工作。然后就可能会发现：自己老板的能力竟然不如自己！其实这是非常正常的现象。

而作为下属，当老板的能力比我们低，甚至低很多的时候，就可能会出现这些情况：背后议论老板的不是；瞧不起老板，言谈举止中都带着冷嘲热讽；直接忤逆老板，比如不给老板面子、反驳老板、顶撞老板等。

尤其在初入职场的年轻人那里，这些行为可能会表现得尤为突出。很多人应该也清楚，这样处理显然是不合时宜的，但职场中这样的事情依然在频繁发生，过后又用千万条理由为自己辩解，或者到处宣扬自己的“出色”表现。

殊不知，这样的处理方法除了让自己一过嘴瘾、一时痛快之外，不存在任何积极的意义，反而会对我们的职业生涯产生极其负面的影响。所以，我们没必要苛求老板事事都比自己强。而我们要想与老板和谐相处，不妨转换一下思维，换个角度来看待这件事情。

清楚自己和老板的目的不同

我们要清楚，老板与我们的目的不同，所处的位置不同，站的高度也不同。如此一来，双方看待问题的角度也会有所不同。比如我们只看到自己能做出一份完美的PPT演示文稿，而恰好老板是个电脑白痴，就理所当然地觉得老板还不如自己，却没有发现，老板能游刃有余地处理各种人际关系，并为公司带来几百万的订单。

不要弄错自己和老板之间的关系

当我们和老板的接触越来越多后，可能会觉得老板不再是以前那个“神坛”上的人物，而是身边的“自己人”。事实上，当我们越来越多地看到老板不那么光辉的一面，比如对方也会失落、无措等，那我们本身就可能已经处在一个危险的境地了。

如果在这个时候，我们又表现出了看不起对方的一些小细节，那我们可以想一下，就算是再谦虚的人，也不愿意和看不起自己的人相处，更何况还要给对方发薪。所以，无论什么时候，都不要弄错自己与老板的位置。

不要过于“想当然”

当我们还没有足够多的累积，就试图去承担一个自己“想当然”认为可以完成的工作，那肯定不会有好的结果。比如我们小时候看到爸爸没有时间陪自己和妈妈，然后就觉得，如果自己来做爸爸，肯定每天都会花很多时间来陪孩子和妻子。但当我们真的做了爸爸后，面对生活并不阔绰的家庭，我们第一个想到的难道不是多赚钱吗？同理，当我们还没有当老板的时候，永远也不会知道老板的抱负和心思在哪里。

所以，职场中不要苛求老板事事都比自己强，我们要常常看到老板身上的优点，才能和老板相处融洽。

4. 尽量避免和同事发生冲突

在公司里，同事间可能会因为一些小利益或其他的小事情而发生冲突。当一切恢复平静后，工作仍然要继续，但我们和同事之间却会因为“冲突”而产生隔阂，从而对工作造成一定的影响。

公司有几个同事前几天发生了争执，原因是大家在布置一个大型活动时，发现一个负责酒店订房的同事忘了给某个重要领导留房间。事情本来不大，只要把房间补订上就行了，偏偏有人冷冷地说了一句：“你这是缺项，是失职。”

结果被指责的人马上恼羞成怒：“你什么意思，什么叫缺项，什么叫失职，我们现在好好查一查到底是谁缺了项，你别这么指桑骂槐。”

最后虽然没发生“大规模战争”，但双方的关系也一下降到了冰点，平时谁也不搭理谁。在这种环境下工作，郁闷可想而知。

同事之间发生冲突，是职场生活中不可避免的。但如果放任不管，双方的矛盾就可能会伤害到个人发展，并对团队或公司造成严重损害。

新同事陆明从加入李杰的团队那一刻起，两人就产生了冲突。陆明从一开始就表现出很强的对抗性，觉得李杰“假惺惺”。而李杰则认为陆明为了推销产品什么话都愿意说，没有底线。

后来，两人的冲突由最初的性格不合迅速升级。比如陆明拒绝将李杰提出的任何意见纳入他们需要承担的工作中，并公开表示不希望李杰参与一些事项，即使这种事情明显需要李杰的协助。陆明的这一做法直接引发了李杰的不理智反应。

一年后，陆明调动了足够的影响力，让很多同事对李杰的工作都表示反对，导致李杰丢掉了他的工作。

很多时候，人们可能会错误地理解另一个人的动机，认为他是在争夺权力，甚至试图抢走自己的工作。为此，不少人经常会过分简单地乱下结论，指责另一方是导致问题的原因，或者无视另一方的贡献，歪曲对方品格，对其冷嘲热讽。

简单来说，人们对彼此冲突的一种常见反应是：坚信冲突的另一方做错了、有意刁难，甚至是发疯。殊不知，这种看法非常容易使双方的紧张关系进一步恶化。

想要达成和解，首先要弄清楚根本原因，如果双方之间的争执仅是源于一句玩笑话，那自嘲一下或者一笑置之，它很可能就会自然而然地过去；如果双方是在某个观点上意见不统一，那也没什么，只要不去深究也不会产生什么冲突。下面就来具体看一下，当我们与同事发生冲突后，到底该如何化解。

主动打破僵局

很多人和同事因为意见不合而发生冲突后，通常两人在公司碰见了，绝对是互相不理睬。其实在这个时候，双方都在心里期待对方能先开口。这时，我们应主动打破僵局，热情地和对方打招呼，消除冲突所造成的阴影，给他人留下一个不计前嫌、大方处事的好印象。

更何况，职场中人没必要坚持一份不必要的自尊，如果就因为一时之气而不理睬对方，权当对方不存在，长此以往，只会让双方的冲突、矛盾像滚雪球般越滚越大，使和谐共事变得更加困难。

一起吃顿饭

不管跟同事发生什么样的矛盾，别忍气吞声，也不要相互猜忌，最好找到直属领导当面说清楚，然后大家找个时间一起吃个饭。在饭桌上，就可以把自己心中的一些不快表达出来，或者通过敬酒的方式，把一些误会消除。如此一来，双方的小矛盾也就不了了之了。

借助第三方的力量

当两人之间的矛盾无法化解时，我们还可以借助第三方的力量来帮忙。比如找到一个好的调节人，或者借助某次事件、原由，来使双方的矛盾降温，得以消除。

最后，即便我们和同事发生了矛盾，也不要因此对对方存在偏见。职场中，让自己拥有一份客观的态度是非常重要的，对我们的工作也会有很大的帮助。而太过主观的人，在面对事情的时候，难免会缺乏公正客观的态度，从而可能会造成更坏的局面。

5. 职场上要学会与同事打成一片

初入职场的新人，第一天上班的时候，心里大多是既紧张又开心。开心这是一个新的开始、新的起点；紧张是因为这是一个陌生的环境，周围的同事都不熟悉，害怕自己不被大家接纳。

这种现象其实很正常，因为每个人对陌生的人和事物都会存在一定的排斥心理，所以我们首先要抛开对他人的警戒心和陌生感，积极和新同事交流，才能慢慢融入新环境中。更何况，职场中想要取得成绩，是离不开别人的支持和帮助的，而在此之前，我们要先学会和同事打成一片，成为受同事欢迎的人，才能达到这一目的。

李卉然是公司的“后起之秀”，她开朗、真诚，公司里的大部分人都很喜欢她，所以她的人缘很好。

但这却招来了另一位新员工陈然的嫉妒，他甚至莫名其妙地怨恨着那些和李卉然关系很好的同事。之后，他开始不由自主地用尖酸刻薄的态度对待同事，脾气也变得暴躁易怒、无事生非。结果就是，几乎所有的同事都开始讨厌他，就连老板也找他谈话，并表示：如果这种情况得不到改善，那他就必须离开公司。

陈然很喜欢这份工作，为了留下来，他开始改变自己的心态，试着从李卉然身上找优点，学着赞美她。没想到，当他这么做之后，竟然发自内心地觉得对方确实很优秀。

后来，他不仅和李卉然的关系越来越好，和其他同事的关系也开始和谐起来。

想要让自己成为受同事欢迎的人，我们就不要过于以自己为中心，要学会欣赏别人，承认别人的价值和优点。在职场中，同事是与我们相处时间最长的人。而有一个良好的同事关系，不仅可以为我们提供和谐的工作环境，提升工作业绩，更能帮助我们不断进步。

俞敏洪在创业期间，曾广泛网罗自己的大学同学加入新东方，让他们成为自己的同事。他表示，如果没有那些同学，那他今天可能还是个目光短浅的个体户，新东方很可能也只是一个名不经传的培训学校。

而新东方之所以能走到今天，其秘诀就在于：他和这些同学、同事能够打成一片。

俞敏洪和这些由同学转化为同事的人之间有很好的关系。在新东方，这些人不会把俞敏洪当领导看，也不会因为他犯错就放过他。而这些从世界各地汇聚到新东方的人，则把世界先进的理念、文化、教学方法带进了新东方。

因为有了他们，俞敏洪觉得自己明显进步了，新东方也明显进步了。

职场中，人脉是促进我们事业成功的重要条件之一，而在我们所有的人脉中，同事居于首位。俞敏洪的故事告诉我们：由个人为人处世的态度所构成的形象，是我们获得良好人际关系的基础。

事实也是如此，如果我们仔细观察就能发现，大部分的职场“孤儿”其实都是被自己孤立的。因为他们为自己塑造了一个独来独往的职场形象，从而让身边的同事都不愿或不敢与他们交往。所以，想要和同事打成一片，关键就在于自己，比如我们需要从性格、态度、修养等各个方面去改变自己，积极主动地和同事打成一片。具体我们可以从以下几个方面出发。

不把同事当“冤家”

同事是我们的搭档，而搭档之间应该是相互合作的关系，而不是相互竞争的“敌人”。如果我们把同事当成阻止自己开展工作的“拦路虎”，那肯定很难在公司立足，工作也会变得更难。而互惠互利、互帮互助，才是让同事接纳自己的前提。

不把个人感受带进公司

同事的喜好可能与我们一样，也可能与我们全然不一样。因此，面对那些与自己完全不一致的观点，我们最好保持沉默，不要妄加评论，更不要以此为界，来区分“同类”和“异己”。为了顺利完成工作，我们要学会“兼容”。

经济上分清楚

当我们和同事一起出去吃饭或参加活动的时候，最好采用AA制。这样，我们的心理上就不会存在负担，经济上也能承受得起。切忌把自己的钱包捂得很紧，这样不仅会被别人看轻，对我们的人际交往更不会有半点好处。

积极参加团体活动

空闲之余，我们可以和同事们一起出去文娱一下，比如唱歌、郊游、跳舞、泡吧等。这样不仅可以增进互相之间的了解，也能让我们获得更多的快乐和轻松，更有助于培育一个和谐的人际关系。

要做到和同事打成一片并不困难，只要我们能做到与人为善，并真诚地对待他人，很容易就能获得别人的好感。这就是所谓的“种什么因，得什么果”。不信的话，你可以试着每天上班时对身边的每一个同事微笑，你就会发现，自己的身边也充满了微笑。

6. 时时自省，不与他人论是非

职场是个人际关系非常复杂的场所，总不免有些人爱蜚短流长，到处议论他人是非。比如有些员工的嘴巴总是闲不住，喜欢东家长、西家短地说个没完，像“老板跟谁比较暧昧”“谁和谁关系不正常”“哪位同事和不良异性来往”“哪位同事对谁谁有好感”……都是他们经常讨论的话题。

而这些喜欢在办公室蜚短流长的人，十之八九都怀有不纯洁的动机：可能是想借助流言蜚语来突显自身的优越；可能想借此来逃避工作上必须面对的难题；可能是出于自己的好奇心或是因为嫉妒……无论出于什么样的原因，这都是一种极不好的风气，不仅会影响我们的人际交往，还会破坏同事之间的和谐，于人、于己、于事都毫无益处。

唐浩在一家网络运营公司上班，每天的工作就是做营销策划、市场调查、PPT报告等，忙得不可开交。如果大家都如此也就罢了，但他却发现公司有很多人都闲得发慌。

比如财务部小张，他每次去找对方报账，都会看到她在玩手机或看网页；比如人事部老刘，每天除了记考勤之外，大多数时间都是在泡茶，有时候还能出去逛一圈。唐浩觉得不公平，凭什么大家拿差不多的工资，做的事情却天差地别。

于是，唐浩开始跟别人说自己工作上的辛苦，然后又说公司的谁谁谁又如何如何了。虽然每次说别人的时候，对方都纷纷发誓“我绝不会说出去的”。但没过多长时间，他说的那些话，该知道的人都知道了。后来，大家对唐浩也慢慢疏远了，而他除了工作上忙得昏天暗地之外，人际关系更是一片糟糕。

俗话说："病从口入，祸从口出。"办公室里，同事之间往往只隔着一扇小小的"屏风"，而有些人说到兴起之时，很容易口不择言，不管什么都像竹筒倒豆子一样一吐为快。结果很多话就成了泼出去的水，想收也收不回来了。

时间长了，大家就会觉得你这个人两面三刀、人品不好。尤其是那些自我感觉良好，动不动就觉得领导如何如何的人，待上司听到后，难免会对我们产生不好的想法。更何况，防人之心不可无，说话更要看对象。比如有些人本身就是领导面前的"红人"，他们与领导关系密切，如果我们在他们面前说领导的是非，岂不是自投罗网。

吴婷婷初到公司的时候，是艾丽热情地接待了她，不仅帮她办理了入职，还带她到各个部门参观，告诉她办公室里每个人的背景、特征等。自然地，吴婷婷就把艾丽当成了一个值得信赖的朋友。

工作没多久，吴婷婷就发现，自己所在的部门加上她才5个人，却分成了好几派。比如坐在她斜对面的人，据说是董事长的人；背对她的那一个则是总经理的亲信。这两个人谁都不是省油的灯，就连部门主管对他们也是表面上毕恭毕敬，暗地里处处提防。

面对这种情况，吴婷婷很自然地把这些烦恼向艾丽倾诉。直到有一天，主管找她谈话说："如果对工作有什么意见，可以直接找我，不要在外面说三道四，再这么破坏团队精神，就请另谋高就。"

主管的话让吴婷婷哑口无言，因为她确实说过"我们主管和同事之间的明争暗斗无聊又幼稚，没有半点职业精神"，但这些话怎么会传到对方耳朵里的呢？几个月后的一天，吴婷婷无意间路过主管的办公室，里面传出这样的声音："艾丽，你说吴婷婷说我苛刻？这个小孩真是不知天高地厚……"

竟然是艾丽，吴婷婷觉得自己的血液都要凝固了。她不得不重新审视自己的职场生活，难道这就是职场吗？在这种工作环境下还有什么安全可言？

很多职场人士都渴望自己在工作之余能有另外的空间，比如和同事谈谈心，发泄发泄心中的苦闷。殊不知，同事之间很多时候都会存在一定的利益牵扯，所以很难有纯粹的友情。有人说，不要把办公室当成心理诊所，不要有意无意地研究同事的“生活”。这种提议的初衷，就是为了让我们在办公室能保持良好的人际关系。

所以，我们需要有意识地克制自己在公司说长道短的坏习惯，即便无意中获悉某个同事的什么秘密，也最好装作不知道，对人保持缄默。

如果有人在我们面前如此，最好先用善意的语言劝阻对方，而不是扩大议论的影响，甚至是以讹传讹。然后应尽量回避这样的议论，如果无法回避，也应点到为止，而不是主动挑起话题，甚至添油加醋，从而引起不必要的猜测和误解。也不要觉得这样会被对方嘲弄或孤立，因为与这样的人扯上关系，很容易在无形中给自己的人际关系带来负面影响。

7. 睁大双眼寻找他人亮点

有时候我们可能会有这样一种感慨：办公室里总有那么几个让人感觉不顺眼的人，他们性格古怪、马屁不断、邋里邋遢……完全不明白，为什么性格和价值观相差这么大的人会成为同事。

心眼小的人会选择远离那些自己不喜欢的人，这虽然也没什么错，但对未来的职业发展却是一个很大的阻碍。有格局的人，却不会死盯着一个人的缺点，而是会用开放式的眼光去发现对方身上的优点。

洛思琪的一个同事在领导面前很是积极，比如一说要加班，他总是第一个响应，好像全世界就他最勤奋似的。洛思琪为此非常看不惯他，觉得他太虚伪。

后来，老板把一项非常紧急的工作交给了洛思琪和那个讨厌的同事。在合作几天后，洛思琪发现，这个同事也并不那么令人讨厌。

比如，他从不计较付出多一点，宁愿自己加班，也让洛思琪早点回家。他在工作上对自己要求非常严格，绝不允许因为小错二次返工。他还是个非常细心的人，加班订餐的时候，总是先问洛思琪的口味。

其实这样的职场故事，在我们身边也同样发生着。比如我们会把那些看起来非常讨厌的同事直接打入“冷宫”，从没想过对方身上也存在闪光点。事实上，如果我们能换个角度，多多留意他人的优点，我们以往的态度就会改变，从而改变两人之间的关系。从大的格局来看，这样不仅有利于同事之间的相处和交流，对工作的开展也有很大的帮助。

有些同事只知其一不知其二，总是无法灵活解决工作中的问题。他们可能天生缺乏创意，喜欢模仿他人，没有自己的主见和风格。这种人往往对新事物、新观点接受得较慢，并且缺乏远见。但他们同样也有优点，比如做事认真负责，一般不会发生原则性的错误。工作交给他们后，也都能按照上级的指示和意图进行处理，并把事情做得令上级十分满意。

那么对待这类人，我们非但不能冷淡他们，反而要多花些时间去仔细观察，注意他们的一举一动，从他们的言行中寻找他们真正关心的事情。一旦我们触及他们所关心的话题，对方很可能马上会一扫往常的表情，表现出相当大的热情。

更何况，在公司的发展中，个人业绩的取得也依赖于整个团队的合作。因此，排斥同事的做法只会阻碍我们的职场发展。况且，每个人都有自己的优点和缺点，而取长补短正是团队中最重要的一点，当我们发现对方的长处和亮点后，就会更愿意和对方合作。要知道，只有善于合作，我们的工作才会取得事半功倍的效果。

叶彤彤的公司新来一个女孩，年龄不大，脸上随时带着笑意，第一眼就让人觉得舒服。这姑娘活泼开朗、语言风趣，没多长时间就和大家混得很熟，像早就认识一样。

叶彤彤观察后，发现这姑娘有一个本领，就是总能发现别人的小优点，并适时地提出来。比如她会说其他同事“小嘴巴翘翘的好可爱”“今天的肤色看起来好细腻”“声音很温柔”“买东西很有眼光”……这个时候，大家都会自然地对这姑娘产生一种亲近感。

一次闲聊中，姑娘对叶彤彤说：“我觉得你是那种很会照顾人的女孩，做事为别人着想，像个姐姐一样，很有亲和力。”这话除了让叶彤彤感到愉悦之外，还让她在接下来的工作中都会不自觉地想要照顾她，维持自己在对方心中的“姐姐形象”。而这些，也让这姑娘更快地熟悉了新的工作，少走了许多弯路。

在生活中我们不乏这样的体验，即便是一个陌生人，只要我们能不吝啬自己的肯定和赞美，马上就可以拉近双方的距离。职场中也是如此，善于发现他人身上的优点和长处，并对其进行肯定和赞美，是对他人宽厚、友善的标志。

所以，我们在与同事交往的过程中，要学会先从对方的优点和长处入手，以增进彼此之间的关系。

8. 想获得同事的信任，你要先信任同事

2016年由张艺谋导演的《长城》中，有句台词虽然出现的次数很少，但它一直贯穿整部电影，那就是男一号和女一号的对话：“信任别人，就是信任自己。”这句话同样适用于职场，尤其我们的大多数工作都是需要同事的配合才能完成的，而在这个过程中，我们要先对别人信任，别人才会对我们信任。即便有时候自己被同事欺骗、伤害了，也不能因此就丢掉自己对别人的信任，否则我们在职场中很可能会举步维艰。

就像俞敏洪在一次演讲中所说的：“多相信别人一点对自己没什么坏处，我今天从华盛顿到这里，一路上就已经对无数人表示了信任。当我坐出租车到

机场的时候，我相信司机一定能小心开车，把我带到机场，不致于在路上撞车，坐在车里，我实际上把生命交托给他了；当我走进机场时，我相信机场安全人员一定能把恐怖分子挡在外面，保证飞机的安全……我们每天都在付出无数的信任，没有这些信任，我们根本活不下来。”

何珊珊毕业后进入公司实习，有一次，公司组织活动，其中有个“信任背摔”的游戏。就是选一个人站在高台上，背向下面的同事，然后倒下去，倒在同事的手臂中。这个游戏的目的，就是让大家相信自己的同事，相信同事是自己的依靠。

但在负责人公布游戏规则后，却没有一个人愿意站出来。因为在大家眼中，后背是最容易遭到暗算的地方，再加上自己看不到，也就无法判断其他同事是不是真的能接住自己。

何珊珊同样非常紧张，但她还是站了出来，也没有疑神疑鬼地窥视背后的人。她知道，当自己在窥视别人的时候，别人也可能在窥视自己，哪怕不是同级别的同事，也可能是自己的领导。所以她毫不犹豫地倒了下去，同事也牢牢地托住了她。

经过这次活动，何珊珊顺利成了同事中最受欢迎的新人，也成为实习生中第一个转正的新员工。

其实在工作中，我们的很多心思都是透明的。如果我们觉得身边的同事不可托付，那对方同样会觉得我们不可托付。

因为当一个人能够放心自己的后背时，要么是他胸怀坦荡，要么是他知道自己背后有一群值得托付的人。无论哪一点，都能显示出这个人的胸襟和格局，也更容易使之在职场上获得好人缘。而一个不相信同事的人，在工作中就会变得疑神疑鬼，更无法跟同事配合完成任何工作。因为我们不放心背后的同事，总是担心自己稍有不慎就会被干掉。

有这样一个关于信任的视频：一女生到网吧打游戏，当她需要打一个电话的时候，却发现手机没电了。她选择向旁边的一个男生借手机。男生看女生一脸清纯的样子，没有多想，就把手上的 iPhone 借给了她，然后继续打游戏。

过了一会儿，他发现身边的女生不见了，他非常气愤，觉得自己被骗了。这时，他看到女生的电脑没关，就把对方的游戏装备全都扔掉了。结果没过一会儿，那个女生又回来了。

原来，女生是因为网吧里太吵，信号也不稳定，就去外面打电话了。谁知回来后，却发现自己游戏里面的装备全没了。

当我们选择信任别人的时候，就不要去怀疑，因为怀疑不仅无济于事，反而会把事情弄得很尴尬。所以，要么一开始就不要相信对方，要么就相信，半信半疑最容易坏事。当然，这个信任有时也是有前提的，就是在我们足够了解对方的时候，我们才可以选择信任或不信任。

另外，当我们和同事产生信任危机的时候，最好能找个机会和对方好好谈谈。只有坦诚相待，才能消除对方心中的误会和困惑。如果双方一直误会下去，信任便不复存在，那我们的工作也将难以配合，更谈不上持续合作了。也就是说，我们在工作中，必须要和同事相互信任，而要获得信任，就要先学会沟通。

所以，当我们在工作中遇到问题、出现矛盾了，先不要忙着猜测和怀疑，出现问题就沟通。不要因为对方是我们的上级或老板，就选择闭口不言，私下却有诸多怨言。这样是非常不利于我们工作进展的，也更容易给自己带来不必要的麻烦。

除了沟通，我们还需要尽可能抛除掉自己所有的偏见与不满，最大程度地还原真相。尤其是在做一些决策的过程中，无论面对谁，我们并不一定要认同对方所有的观点，而应按照专业和职业要求别人，也要求自己，去做自己该做的事。

9. 在非原则问题上忍让同事

俗话说“有理走遍天下，无理寸步难行”。当我们站在“有理”的一方时，就表示对方“无理”。本身就是“无理”，如果还“不让人”，那就是“无理取闹”“强词夺理”。而“有理不让人”就是坚持真理、推崇公理。当遇到有重大原则的问题时，绝不可以动摇立场、随波逐流，成为左右摇摆的墙头草。

但话又说回来，如果我们在任何时候都“得理不让人”，同样有坏事的可能。在工作中，鸡毛蒜皮的琐碎事情实在太多，很多时候，我们可能根本无法判断出谁对谁错，也无法用有理无理来判定，有些甚至是永远也说不清的糊涂账。最后只得用“一个巴掌拍不响”为由，“各打20大板”了事。

如果我们在这些小事上依然奉行“得理不让人”的处世原则，遇到无理之人、无理之事时，就穷追猛打、以牙还牙，或者针锋相对、不依不饶，那结果只会变得更加糟糕。即便最后我们确实取得了胜利，成功让对方服软认错，等待我们的也许是更加恶劣的人际关系，工作环境也会毫无和谐可言！

孙海波是名出色的律师，一和人争辩起来总是唇枪舌剑、针锋相对，永远得理不饶人。

一次，孙海波和几个同事一起去参加了一场很不轻松的谈判。谈判的最后一天，双方从晚上七八点一直谈到凌晨一点，仍然僵持不下。

这时对方有一个人出言不逊，孙海波一听也冒起火来，马上回敬一句，用更加讥讽、尖锐的语言让对方说不出话来。现场的气氛变得更加紧张，孙海波也很后悔，知道自己犯了兵家大忌，为了逞一时口舌之快，竟然把谈判的有利位置拱手让给了对方。这下可好了，对方一定会不依不饶。

谁知，对方有个人却说道：“大家都累了，休息5分钟再继续吧！”此话一出，立刻化解了尴尬的气氛。而经过5分钟的缓冲后，双方在心平气和中很快达成了协议。

回去后，孙海波特意把“话到嘴边留半句，理从真处让三分”这句话，装框搁在自己的办公桌上，用以时时警醒自己。

遇到问题，该较真的要较真，不该较真的时候，也没必要较真。比如当别人对我们产生误会，或者自己受到了莫名其妙的指责时，只要不是原则性的问题，我们大可不必斤斤计较、耿耿于怀。

也许那只是别人的无心之错或一时失察，还有可能是对方关注我们的一种方式，只要我们行得端、走得正，又何惧他人说三道四。所以，我们在面对飞短流长时，完全可以坦然一笑，如此方显松柏气节、云水襟怀，才是具有大格局的表现。

河北一农牧集团，就曾因“无错也赔偿”的故事广受业界的好评。

当时，一个养鸡户找到公司，说他在这里买的500只鸡苗死了200多只，肯定是因为公司的鸡苗有问题，要求公司给予赔偿。但经过专家调查后，发现这些鸡苗是死于法氏囊病，而不是鸡苗的问题。专家还告诉对方：“一个孵化器一次孵化19000多枚种蛋，出16000多只小鸡。你只购买了500只，其他和你购买同一批鸡苗的养鸡户都没出问题，你这完全是饲养技术的问题，怪不得别人。”

但这个养鸡户就是不走，坚持要求赔偿。这件事正好被经理碰见，他二话没说就赔给了对方500只鸡苗，让对方高高兴兴地走了。

这件事情看起来好像是白白损失了500只鸡苗，但却为公司扩大了知名度，让公司获得了好口碑。

试想一下，如果每个人都有这样的高尚境界，那我们的人际关系又怎么会不融洽呢？如果我们每遇到口舌之争，便拍案而起、奋起反击，虽然显得有胆量，但充其量却是“帐下一勇夫”的做派，弄不好还会越描越黑、越闹越大，最后给自己带来更大的麻烦和危害，甚至出现两败俱伤的严重后果。比起刀兵相见的你死我活，放宽心胸忍让三分则更显高明和大度。

所谓“让人一步自己宽”，在一些非原则性的问题上，讲一点宽容和忍让，即便我们自己吃了亏，却能有效减少无意义的矛盾和冲突，更可以维护公司的和睦发展。

10. 与同事相处不要太敏感

心理学研究发现，生活中的有些人，天生就有一种敏感的个性。比如当别人不高兴的时候，他会觉得那是在对他表示不满；别人坐在一起说悄悄话，他就认为那是在说他的坏话；甚至别人咳嗽一声，他也会怀疑那是对他的不敬……总之，无论别人做什么，这些人都会反复琢磨半天，让自己的心情久久不能平静下来。

李佳欣和几个朋友聚餐。席间，有一人怨声不迭地说："我们公司的人际关系太复杂了，旁边的张三总是对我有成见，对面的李四老是说我的坏话，后面坐着的王五好像也看我不顺眼……每天都是生不完的气，真是烦死人。"

李佳欣觉得不可思议，做人得失败到什么程度，才能把周围的人际关系弄成这样？便问道："是不是你搞错了，公司里的人际关系虽然复杂，但也没到这个地步吧？"

"怎么没到？"对方反驳道，"就说我身边的张三，我老能听到他唉声叹气，动不动就把键盘敲得噼里啪啦，他身边就坐我一个人，不是对我有意见吗？"

这个理由让李佳欣目瞪口呆，只得喃喃说了句："你可真够敏感的。"

任何鸡毛蒜皮的小事，都会让过分敏感的人想入非非，并做出错误的判断。他们习惯对恩恩怨怨斤斤计较，总是以想当然的态度去观察世界，最后不仅会导致心绪难以排解，甚至还会发展成心理上的病态。

比如一个过分敏感的人，总会在工作中处处设防、时时疑心、多愁善感。

当我们长时间用这样的态度与同事交往时，就会让别人对我们敬而远之。慢慢地，我们的朋友就会变得越来越少，人际交往也会变得愈发不和谐，格局自然也就越来越小了。

而这种过分敏感的性格，很大程度上属于一种不良的心理状态，多是由心胸狭窄、缺乏修养造成的。常言讲："天下本无事，庸人自扰之。"原本同事之间的相处就不可能没有一点矛盾，不过大多数时候彼此之间并不存在根本的利害冲突。但如果我们老把一些鸡毛蒜皮的小事存在心里，不就是自己跟自己过不去，自己给自己找麻烦吗?

所以，我们遇事需要大度一点，豁达一些。

张若琳是个非常敏感的人，她对身边人的眼神、态度等，总是过于在意，为了改变这种状态，她尝试了许多方法。比如当她觉得自己受到别人轻视的时候，她会在心里给自己打气，告诉自己"他看的并不是我"。

与此同时，她还学着接受不完美的自己，无论自己在别人眼中是平凡、懒惰，或者是胖也好，丑也罢，都坚持相信这样的自己是最棒的。这样一来，她就不会在别人对她表示肯定和赞许的时候，感到怀疑和犹豫，甚至从那些毫无意义的事物中看出恶意。

另外,她还会时刻给自己"你没那么重要"的暗示。这个暗示会让她清楚地明白:每个人都有自己的工作要做，对方并不会用过度的精力和心思来关注自己。

不得不说，这些方法都不错。一开始虽然很不习惯，但时间一长，张若琳也渐渐学会不去过度解读别人的表情和言论，知道在正常情况下，别人说的话都没有什么弦外之音，过于敏感的情绪也慢慢变得轻松了。

想要克服自己过于敏感的问题，有专业人士给出了以下几点建议。

首先，不要妄加揣测别人对我们的评价。比如不要总觉得时时刻刻都有人在注意自己，认为别人在和自己作对，把原本的小事看得过大，或者把自己幻想出来的感觉当成真的，以免给自己增加不必要的心理压力。

其次，我们要学会与人为善。这样一来，别人才更愿意接纳我们，我们也会拥有更多快乐，也能让周围的人感到更加轻松自在。

最后，我们要拥有宽广的心胸。遇事乐观一些、大度一些，就不会让自己陷入烦人的琐碎小事之中。如此也就不会对人、对事都过于敏感，过分计较了。

中　篇

晋升中层，格局决定舞台

第五章 容人，人至察则无徒

1. 不担心被超越，给有才华者搭设舞台

在美国钢铁大王卡耐基的墓志铭上，刻着这样一句话："这里长眠着一位先知，他勇于用比自己强的人才！"

敢不敢用比自己强的人这个问题，恐怕最能体现一个管理者的格局了。格局小的管理者会说："如果下属什么都比我强了，那在其他的下属面前，我不就像个蠢货了吗？那到底该我领导他还是让他来领导我啊？"甚至在很多民营企业里我们更是看到这些企业家在招收员工的时候直言不讳"不招那些学历高的、经验足的"。这种做法像极了我们民间的一句谚语"武大郎开店"——那个伙计也不能比他高。

我们经常能够看到这样一种现象：一个部门主管手下跟着一群草包，办起事来拖拖拉拉，集体内一点干劲和意志都没有，全然一盘散沙，没有任何一个人有高出他人的才能。但如果我们仔细一看，倒没觉得这个做领导的有多么差劲儿，也不见他为下属的"低能"而着急发火，反而尽力维持这样的局面。这时我们就奇怪了，为何这个主管不去找一些有才华有能力的下属，将组织的"战斗力"搞上去呢？

其实这就是我们上面所说的"武大郎开店"心理在作怪了，这些主管选拔下属的标准是：能干但不精明最好，如果不行的话，宁可选择不能干不精明的

也不选那些能干又精明的。因为选择一个精明的下属，虽然可以提升组织的“战斗力”，但从长远来看，比较有能力的人多少都会有野心，肯定会对自己的位置虎视眈眈，早晚取而代之，因此千万不能做养虎为患的蠢事。

上面这种想法估计是很多人都具有或者说曾经有过的，这种心态说到底是一种弱者的心态，对有能力的下属的排斥正说明了自己内心的虚弱，以及对自己信心的极大缺失。在这种心态支配下，当自己手下的员工工作取得各部门赞许和支持时，他会觉得自己失去了威信。于是，就会有意无意地疏远他们、压制他们，从而严重地挫伤这些员工的积极性。

其实真正有格局的管理者，是愿意接纳和管理桀骜不驯的下属的。因为他对自己有信心，他相信自己能掌控好部下，稳定住局面。因为这样的领导关心的并不是别人对自己是否顺从，而是怎样赢得别人真正的尊敬。那些优秀的领导者总能容得下比自己强的下属，他们非常愿意把比自己能力强的人才招揽到自己旗下，并且诚心相待。

戴维·奥格尔维是美国一家著名的广告公司的创始人，他曾经有一次送给新任命的各部门主管每人一个俄罗斯套娃，想以此来向这些新进入公司的主管说明自己对待下属的态度。

我们都知道，俄罗斯套娃是一种手工艺玩具，每套套娃从大到小依次有五个洋娃娃，最小的那个可以装到次小的那个套娃里面，依次类推，最后，前四个可以装进最大的那个里面。

在最小的那个洋娃娃里，奥格尔维装入了他想要告诉这些新主管的话：“如果我们每个人都聘用比我们小的人，那么我们的公司就会变成一个矮个子公司。但是如果我们每个人都聘用比我们大的人，那么奥美广告公司就会变成一家巨人公司。”

奥格尔维的聪明之处就在于他明白，使用那些比自己有能力的人，不仅不会威胁到自己的位置；相反，他们还能稳固自己的位置，并帮助自己成就伟业。而那些生怕下属比自己有能力，总是担心下属超过自己，因此不惜运用卑鄙的手段打压下属抬高自己的领导，则永远不可能做成什么大事儿。我们看到正是由于奥格尔维有如此豁达的气度，才成就了他的一番伟业。

作为管理者，对那些才华出众的下属，不但不能抛弃打压，反而要为其多搭设表现的舞台，尽可能为其创造展示才华的机会。在下属因其能力而获得同事的认可和交口称赞时，我们也不要吝惜自己的掌声和表扬。当下属的某一方面才干超出自己时，则更要体现出自己的宽容和大度，要将有能力的下属举过头顶而不是摁在身下。

2. 用人之长，但不求全责备

领导者总是希望自己的团队成员个个都是优秀的人才，只有长处没有短处，但这是不可能的。古语有云："良匠无弃木，明主无弃士。"金无足赤，人无完人，所以领导在选人用人的时候，都不能求全责备。

一个高明的领导者在带领团队时，都会先看到下属的长处，这并不是因为他不知道人有短处，而是知道自己最重要的任务在于发挥下属的长处。只有从大的格局出发，不拘小节，方能最大限度地发挥下属的长处。

一天，某公司经理在调查下设分厂时，发现这个分厂的工人每天组装电度表的数量是 10 ~ 16 个，只有其中一个小组的平均组装水平是 40 ~ 50 个。

通过了解后，经理知道该小组的组装速度之所以这么快，都是组长的功劳。而那名组长曾被劳教过。经理思考了许久，顶住了来自各方面的压力，任用这个曾有劣迹的人担任分厂的厂长。

这件事在公司里掀起了轩然大波，甚至有人不服气地说："如果劳改犯也能当厂长，那别人都可以当厂长了。"而经理却理直气壮地反驳："如果你也能把一个组的组装水平提高，再来跟我说这句话。"

这个员工走马上任后，果然没有辜负经理的期望，很快就使整个分厂的平均组装水平达到了每人每天40个。

用人之长，就是不要看他有什么缺点，而是看他的优点。就像杜拉克所说的："发挥人的长处，才是组织的唯一的目的。才干越高的人，其缺点往往也越明显。但是我们可以设计一个组织，使人的弱点不致影响其工作和成就。"

一个高明的领导者总能最好地使用每个人才，不但能用人所长，还能用人所短。所以，我们应该勇敢地去保护那些略有瑕疵的优秀人才，尤其要能容忍对方的短处，甚至"偏袒"对方的短处。当然，其用意肯定不是喜欢或纵容下属的短处，而是为了把下属的短处转变成长处。

比如清朝有位叫唐士斋的将军，他就认为军营中的每个人如果使用得当，就都是可用之人。在他看来，聋子可以当侍者，避免泄露军事机密；哑巴可以传递密信，避免被敌人抓住后问出更多机密；瘸子守护炮台，不仅能坚守阵地，也很难弃阵而逃；瞎子听觉好，可以负责监听敌军的动静。

虽说这样的观点有点偏颇，但也说明了一个道理：一个领导需要择人而用。

美国西玛顿期货投资公司的一次招聘中，有5个人经受住了几轮残酷的选拔。负责招聘的助理向总裁迈克诉苦："这5个人的综合素质都差不多，但关于他们的具体分工，我费尽心思还是难以确定。"

迈克想了想说："我来安排最后面试吧。"面试时，他给每人发了一张试卷，题目是这样的：请把"不用对对手怀有过多的慈悲"12个字填在后面的11个方格里。

然后他一边看交上来的试卷，一边现场对这5个人进行了委任安排。他让只在格子中填写了前11个字的人去了财务部；交白卷的人去了企划部；只填了"不用对对手怀有过多"9个字，并在最后两格中写上省略号的人安排到公关部；将12个字挤到11个格子的人安排到后勤部；最后一位将"不用"换为"甭"字，正好填满11个格子，迈克让他去了文档处理部。

对此，迈克解释说："填了前11个字的人比较刻板保守，是财务人员的最佳人选；交白卷的那位出于顾虑不肯轻易答题，说明他有极高的风险意识，这种做事深思熟虑的人适合去做经营策划；把12个字全都挤在11个格子中的，很有节约意识，让他管后勤肯定没错；用省略号那个，让句子变得怎么理解都行，自然也包括了原来的意思，说明这人处世圆滑，善于交际，很适合去干公关；最后那个就不用说了，简直是文档处理的最佳人选。”

现代管理中有句名言：“只有无能的管理，没有无用的人才。”要知道，天生我材必有用，一个人的缺点之所以成为缺点，关键是因为没有人认识它，没有透过缺点看到后面潜在的优点。

而一个高明的领导者想要学会用人之短，不仅需要有胆，更要有识。有识就是要对每个下属的个性、缺点和毛病进行分析，区分出哪些个性、缺点是可以转化为优势的，放在哪里才能转化为优势。如此，我们才能做到量体裁衣，对症下药，按照缺点来定岗定责。

因此，所谓用人之短，就是要善于巧用每个人的缺点，使其恰到好处，因人施用。当我们千方百计用好一个人的缺点后，就能最大限度地发挥他的潜能，使其短处变成长处。

3. 得饶人处且饶人，宽容的领导最有魅力

职场中，当我们面对下属的过错和缺点，打算用“愤恨”和“不恕”去实现和解决时，不妨尝试下宽容，或许它能帮我们实现目标、解决矛盾，化干戈为玉帛。毕竟“得饶人处且饶人”，能饶人，人才会容你，这也是宽容的回报。

一天，光武帝刘秀到郊外打猎，返回时已经夜深人静。当时法律规定禁止夜行，

12道城门也已经通通关闭。但现在要进城的是皇帝，又有谁敢阻拦？没想到，当时守门的官员郅恽却是个秉性刚直、执法严明的人，他下令不许开门，硬是把威威赫赫的皇帝挡在了门外，让他不得不从另一个门进入。

按理说，堂堂一国之君遇到这样的"刁难"，肯定要对那个"没眼力见儿"的官员施以处罚。但刘秀并没有这样做，还特意赏了郅恽一百匹布以示嘉奖，并把最后放他进门的守门官贬为县尉。

在这个"皇帝与门官"的故事中，历史上留下了"君章拒猎"的典故。最后，郅恽赢得了严于执法、敢于直谏的名声，刘秀也赢得了胸襟宽宏、纳谏从善的美名，可谓"双赢"。

作为一个独揽大权的领导者，能做到宽容别人是很难的，尤其是对下属的逆耳忠言、逆我之举，要做到宽容只会更难。但刘秀做到了，所以大家都看到了光武帝刘秀的恢弘雅量。

下属是团队的一部分，断手断脚，伤的也是我们自己。所以，不到万不得已的时候，不要轻易放弃任何一个人。当我们有了这样的认知，就能宽容地面对下属的错误，珍惜自己的团队，下属也会更加踏实地工作。

而相关实验也表明，宽容有利于身心健康，能够有效消除仇恨、发怒等不良情绪。实验过程中，专家先让接受实验者用宽容的心态去回忆曾经受伤害的一个场面，再用非宽容的心态去回忆同样的场景。结果显示，在非宽容期，这些人的平均心率从每4秒1.75次增加到每4秒2.6次，血压也随之升高了。

美国斯坦福大学也曾做过《斯坦福宽容计划》，通过实验发现，在所有参加计划的人中，有70%的人受伤害感明显降低，20.3%的人则表示，因怨恨带来的身体不适症也有所减轻。

因此，一个拥有大格局智慧的领导，不仅要接受下属的成绩，也要接纳他的不足。尤其是当下属犯错的时候，作为领导肯定很生气，但我们可以想一想，自己刚走进职场的时候，是不是也曾犯过错？即便自己如今"身居高位"了，是不是也难免会做错一些事情？既然我们也是从不断犯错中成长起来的，那么对待下属的错误就应该宽容一些。

张豪是公司的一名策划员，他思维活跃，创意更是层出不穷，总能做出让客户满意的策划案。但他有个毛病，就是喜欢酗酒，并且一喝起来就容易把工作抛到脑后，结果这次就摊上大事儿了。

当时张豪是一个策划案的负责人，有同事觉得报告中的一个数据有问题，向他核实："这个数据确定吗？是不是有什么问题？"那天张豪正好喝了些酒，头脑不是很清醒，看了一眼报告就确定道："放心吧，肯定没问题。"

结果报告上的数据真的是错的，这让客户大为恼火，觉得他们对待工作不认真，要取消合同，并要求退还定金。张豪听后，脑袋一片空白，一股悔恨之情油然而生。后来经过一番努力，客户决定再给公司一次机会，大家才松了口气。但主管将张豪狠狠批评了一顿，并马上做出处罚决定：让他辞职走人。

张豪非常喜欢这份工作，他诚恳地对主管说："请您原谅我，再给我一次机会，我绝不再犯。"主管思忖片刻，答应了他的请求。

此后，张豪戒了酒，努力工作，无论大小事，都表现出极强的责任心。两年后，他负责的几项策划案还得了大奖。再回忆起这件事，他说："是主管对我的宽容，改变了我的一生。"

"人非圣贤，孰能无过。"如果领导随随便便就对下属的过失和冒犯斤斤计较、大发雷霆，并施以批评和惩罚，除了会打击下属工作的积极性之外，还可能会给自己的管理工作带来一些不必要的麻烦，甚至会影响到整个团队乃至公司的业绩。但如果我们对下属犯的错误宽容以待，用宽广的胸襟去谅解他们，并给予对方改过的机会，那我们就可能得到对方的真心改过和赤诚之心。

正如古语有云："必有容，德乃大；必有忍，事乃济。"所以，身为领导，我们一定要大度、要宽容。而且我们的位置越高，需要宽容的东西就越多。这不仅是一种身为领导人的胸襟气度，更是一种具有大格局意识的表现。

4. 选拔人才不任人唯亲

格局小、胸怀窄的领导因为只相信自己亲近的人，所以最容易任人唯亲。香港首富李嘉诚曾说过：“唯亲是用，必损事业。”

王安电脑公司曾是美国计算机领域的先锋，实力可与电脑行业的巨头IBM分庭抗礼。但在公司发展的关键时刻，创始人王安任命他缺乏管理能力的儿子王列为公司的总裁，而没有选择人们公认的最佳人选来做接班人。

王安的这一做法，直接导致公司在王列接手后，一年亏损了4.24亿美元，三年公司股票下跌了90%。最后，公司不得不在1992年申请了破产保护。

由此可见，任人唯亲不可能得到真正的人才，甚至会形成以亲为贤、以媚为能、以家世资历为依凭的局面。最终只能以庸者掌权、媚者当政为结局。为了避免这种情况，就需要我们做到“任人唯贤”，必须不讲情面、不徇私情，唯德才是举。

但是，想要做到这一点是非常难的。比如一个公司的领导或重要客户的子弟想进入公司，就通过关系找到各级的管理者，希望能看在谁谁的面子上帮帮忙，把人招进来。如果直接拒绝，那肯定会得罪对方，甚至会为自己未来的职业发展埋下祸根，这未免得不偿失。因此，在面临“关系户”时，我们同样要把“丑话说在前面”。

张成健是某公司人事部经理，经常会遇到哪个领导的侄子，或者是哪个客户的亲戚想进入公司的事情。前段时间，有个和公司合作了好几年的客户打来电话，说他有个侄子毕业一年，现在在老家做业务员，收入不是很高，想来这边发展，希望张成健能给“安排安排”。

直接拒绝肯定不好，指不定人家一生气就不和公司合作了，所以张成健说：“来肯定是没问题，只要有能力，咱肯定会用他。但咱们丑话说在前头，根据公司的规定，面试的流程他还是要走一下，像相关的笔试、各种考评等都是不能省的。到时候如果没通过测试，那咱们可得该怎么办就怎么办了。”一听这话，对方连连表示“就该如此”。

如此一来，就可以保证大家在同一个平台上竞争，每个想进来的“关系户”，不管是谁推荐的，都必须通过必要的考核。一般推荐人只能在公司人员的需求上提供一些帮助，并告诉候选人公司的考评标准是什么，可以让他们有所准备，但也仅此而已。

想做到这一点，首先就要求我们能够确定自己的目标。一个为公司的未来着想的管理者，就会主动从公司的角度出发，认识到唯才是举的好处。而只为自身利益考虑的管理者，也只会从自己的角度考虑，自然无法做到任人唯贤。要知道，人才往往只愿意在有前途、有机会的公司中努力工作。如果管理者只知任人唯亲，以关系的亲疏来确定地位的高低，怎么能让人才留下来呢?

另外，还有些管理者只凭一些人的一面之词，或只根据自己的一些印象就随意聘用某人，是非常不科学、不理智的，同样很难让公司获得真正的人才。所以，我们要通过各方面了解对方的工作方式和态度，必要时还要亲自和对方沟通，进一步了解对方的想法。

总而言之，选拔人才要不拘一格，无论是年龄还是资历，都不能成为我们拒绝或任用一个人的理由。无论是谁，来自哪里，有何经历，我们都要一视同仁地对待。只有这样的管理者，才能发现真正的人才。

5. 容人之异，接纳多样化

在很长一段时间里，人们都认为个体是没有差异的，所以在管理上强调制度化、规范化、标准化。但事实却是，不仅人与人之间存在着差别，一个人在其发展的不同阶段，也存在着差别，这就是所谓的“异”。

我们要学会承认差异、尊重差异、将差异看成资源。比如公司对员工的选拔、聘用，就是承认差异的存在，承认人的秉性、能力等方面的不同，承认利益方面的差别。而承认个体有差异，就表示管理要因人而异。如果我们做不到这一点，那对公司的长远发展将是非常不利的。

为了方便公司管理、整合部分资源，某公司决定将原先的事业A部和事业B部合并为事业部，部门主管由原A部主管担任。

结果在工作中，该主管由于胸怀不够，总是习惯性地偏爱原先A部门的员工，对B部门的员工则表现出各种排挤，比如不习惯、不喜欢原先B部门员工的行为方式等。更糟糕的是，他在任务分配上总是厚此薄彼，待遇优厚的工作会优先交给原A部门员工，没什么效益的工作就交给原B部门的员工。

开始大家只是有些不满意，和上级反映后，主管也明确表示自己会克服这一弱点。但他却一直不能一碗水端平，更不能接纳员工之间的差异，使得部门内部的矛盾越来越激化。最后，这名主管不得不在原B部门员工的抗议中，离开了主管的位置。

职场上，因为个人能力等因素，会形成领导与员工两种阶层。但这并不代表人有高低贵贱之分，不过是分工不同、各司其职而已。员工有员工的职责，领导也有领导的担当。

更何况，随着时代的不断发展，管理学对人的认识也在与时俱进，并明确认识到：有差异是好事。而随着市场竞争越来越激烈，公司所要面对的不确定性因素也越来越多。如此一来，公司中各个员工之间的差异，对公司的生存和发展是极为重要的。

因为从理论上来说，人与人之间的差异是可以相互补充、相互启发的。这样就可以打破我们对原有习惯的路径依赖，进而产生不同的新见解和新思想，并找到改善的新路径。而且，如果公司领导者希望把员工的队伍不断壮大，人多肯定是必然的，而人多一定会比人少具有更多差异。所以，领导要把公司的平台做大，就要接纳员工的多样化与差异化。

但根据人的行为习惯来看，大多数人都比较喜欢与自己相似，或行为一致的人。因此，我们想要接纳不同，就需要先克服自己的一些习惯，并拥有宽广的胸怀。

为了适应时代的发展，有两所高校经过慎重考虑后决定相互合并。合并期间，其中一所大学的商学院吸收了另一所大学的会计系、统计系。在这个过程中，双方的教师都有些紧张，或担心新同事不好相处，或担心自己不被重用。

事实上，商学院的院长是位胸怀宽广、海纳百川的教育者。他不仅对新旧员工一视同仁，还从新来的会计系老师中重用了很多德艺双馨的年轻教师，使新来的老师对商学院产生了很强的归属感，并极大地增加了老师们的认同感和积极性。

后来，商学院的事业发展蒸蒸日上，院长也很快被提拔到更高的管理岗位上。

在公司管理的过程中，有能力的员工往往表现突出，很容易就能被领导发现。但我们也会发现，这些员工的一些观点和想法可能与我们并不相同。作为领导层，我们首先要做的是，从大的格局出发，用心去接纳员工的多样性。比如在下达命令、做出决定前，多听取他人的意见和建议。

有些领导可能习惯当“上帝”，在自己的团队中“一切都要听我的”，不允许有其他声音出现。即使提出，也是直接驳回。殊不知，当一个人习惯了“独裁”后，除非他的管理已经达到了完美境界，否则问题将会层出不穷。

所以说，这样的管理方式是十分不可取的，长此以往，也没有人会对公司的问题提出建议。而“听话”的员工只会按时按量地完成任务，更不会自觉自愿地为公司多做些事情。正因为如此，我们才需要多考虑下属的意见，允许他们发出自己的声音。这样不仅能让员工感受到尊重，也有利于公司的发展，可谓一举两得。

6. 敢用不合群的另类“怪才”

一个公司要想得到快速的发展，领导就不能指望自己的下属全部都是“正人君子”“冲杀猛士”，还要学会使用一些不容易被人理解的特殊人才，比如“怪才”。古往今来，要用好这些人才都是一件难事。作为公司的领导，如果没有一定的眼光、气度和精神境界，也是很难理解和用好“怪才”的。

而这些行为古怪、思想异常，却又能发现真理的人，通常都会有异于常人的行为和想法，让普通人难以理解，也是大众议论的对象。

在一个《中国十大怪才》的排行榜上，位居榜首的人是李敖。他是台湾地区著名的作家、评论家和历史学家，是台湾地区民主化的先驱。但在他出版的一系列书中，却有 96 本被禁，创下了“禁书”的历史记录。

李敖是位十分具有争议性的人物。据说，他“学问渊博”，号称看过“十万本书”，对政治趋势有着敏锐的判断力，在台湾地区是个精神性的指标，素有“大师”之称。很多人都觉得他十分狂妄，比如他认为自己的白话文是“50 年来和 500 年内最好的前三名包办者”。“要找我佩服的人，我就照镜子”。“嘴巴上骂我的人，心里都给我立了牌位”。

李敖善骂，他抨击、骂过的人，大大小小超过了三千。这在古今中外的“骂史”上，大概也无人能比了。说起李敖，无论是他的朋友还是敌人，都不得不承认他是位“怪才”！

看看李敖，我们对“怪才”的形象也就有了一个基本的了解。但在工作中，如果面对这样一个“怪才”，要怎么用他呢？对此，我们可以从以下三个方面入手。

了解怪才之“怪”

当我们了解了怪才的“怪”之后，就会发现，这类人通常在某方面有异于常人的天赋。比如《怪侠欧阳德》里的“欧阳德”就是个名副其实的“怪才”，他热衷于创造些稀奇古怪的“高科技”，并且富有侠义心肠，从而受到众多百姓的爱戴。而他的“怪”，就表现在他与众不同的个性中。他的骨子里就有种正直、侠义、仁爱的特点，并且不热衷于考取功名，从小习武，梦想成为一位大侠，匡俗救世。

像这样的人，大多精力旺盛、性格刚强，有时可能会显得粗心大意，一般比较适合安置在创新性的工作岗位上。

寻找其“怪点”的价值

一般“怪才”的性格虽然让很多人不敢苟同，但他们的能力却是毋庸置疑的。比如以独创技术驰名的索尼公司，就曾在企业内进行了公开招标，结果有三位自尊心太强、点子太多、清高而不合群的“怪才”中标。之后不到一年时间，以他们为主研究出来的索尼计算机就出现在了商店里，其性能高于同类产品，价格却便宜一半，他们帮助索尼迅速占领了市场。

发现开发其“怪”的怪才之道，并遵循之

相信“达·芬奇画鸡蛋”的故事大家都听说过，从小热衷于画画的达·芬奇被其他老师认为是“不务正业”，但他在拜著名画家和雕塑家费罗基俄为师后，严格的费罗基俄不仅发现、开发了他的绘画潜能，并遵循这一能力对其进行了有效指导。经过费罗基俄的教导后，达·芬奇的手仿佛有了特殊的感觉，想画什么就画什么，并且画什么就像什么。

由此可见，一个好的老师对于学生来说是非常重要的。而在职场中，我们同样需要像费罗基俄一样，善于发现那些隐藏在普通员工中的“怪才”，并最大限度地开发他们的潜能，成就敢于发言、创新和创作的“怪才”。

最后我们要注意：用“怪才”是把双刃剑，用得好会事半功倍，使用不妥也会反伤其主。所以，我们在用他们的时候最好遵循“其长可用，其短可控”的原则。“其长可用”是说这个人对公司要有超高的价值，并且这个价值必须是稀有的，最好是某个“怪才”独有的价值；而“其短可控”，则表示我们应该做好风险规避的准备，防止被其所伤。

7. 容得下有个性的90后

一位职场前辈这样评价自己身边的90后：“在我们公司那些90后一点不合群，不喜欢协作，常常独来独往，并且个性张扬。”但智联招聘和贴吧上的调研数据却表明：90后期待“亲密”的团队合作，但要求分工明确，权责清晰。

孟晓是刚毕业的90后，在一家名企工作。刚入职时，领导就特别强调，希望各个成员能够通力合作，共同做好项目。虽然孟晓还是一只职场“菜鸟”，但她同样知道合作的重要性。

但是，前段时间孟晓和同事的配合却出现了问题。原因是这样的，因为整个公司的业务流程息息相关，且孟晓所在的部门属于前期工作，所以后期工作的同事经常会向她们询问相关问题。随着工作量的不断加大，这就成了孟晓的负担。

孟晓认为：“我帮助其他同事是情分，不帮是本分。”不明白自己为什么一定要花费自己宝贵的时间来帮他们解决问题。后期的同事却觉得，如果有些问题不问清楚，自己的工作就无法展开，所以前期的同事有义务帮忙。

后来这件事闹到了领导那里，领导看着面前的这群90后，并没有直接反对谁的意见，而是和其他几个领导进行了沟通，然后专门为大家组织了一次培训。之后，大家工作的效率明显提高了。

90后的职场员工普遍有着鲜明的特点，比如他们个性张扬、拒绝平庸、特立独行、表现欲强……有相关人士对100名90后毕业生进行了调研，结果发现：他们的集体特色是“要钱也要闲”。他们对薪酬的预期均在3000元左右，但对带有加班、夜班、无固定双休日等工作岗位却没有多少兴趣。

他们做事有激情，但缺乏持久度，遇事喜欢跳槽。而辞职的理由也五花八门，比如工作总加班、上班路太远，甚至有90后竟然会因为“公司食堂的饭不好”“公司女生太少”而辞职。

他们还有个特点就是“太直接”。据说，有个90后在面试时直接问面试官：“你觉得如果我接受这项工作，我将来的成长空间和职业发展在哪里？”有位HR经理也曾透露，有的90后甚至会坦白一些“于己不利”的事，比如明确表态：“我在这个公司不会长留，只是想在这里锻炼几年，积累经验。”

90后的“直接”还体现在他们强烈的表现欲上。比如HR在面试时，可能会问求职者“你的兴趣爱好是什么？”以前大家可能会中规中矩地回答“唱歌”“跳舞”“足球”什么的，但90后却很有可能马上主动唱上一曲或是跳上一段。

面对个性如此鲜明的90后，我们又该以什么的姿态去对待呢?

进行岗位分析，合理分配工作

90后员工的工作经验不足，一旦在工作上遇到挫折，很容易对自己的职场选择产生怀疑。而有效的岗位分析，则可以最大限度地为他们安排合适的工作，激发他们的工作热情。比如我们可以根据员工的不同性格，对他们的工作内容进行调整，活泼开朗的员工适合与人打交道，那就安排在市场、外联等部门，性格内敛、细心的员工则适合文秘、财务等工作岗位。

加强对工作内容的重视程度

90后员工大多喜欢充满挑战的工作，那公司就可以加强对工作内容的重视程度，使工作更具挑战性。比如让90后在工作中扮演更复杂的角色，适当地调整对方的工作内容，更多地采用协商沟通与团队合作的方式，为他们提供能够施展自己的技术和能力的工作。这样就可以有效满足他们对自我价值实现的需求，起到激励员工的目的。

在姿态上放下领导的架子

面对端着领导架子的人，90后虽然不会说什么，但心里并不会买我们的账。因为这一代人属于藐视权威的一代，你越是搞得很有权威的样子，对方越是“不拽你”。所以，我们要放下那点自以为是的架子，向他们展现自然真切、平实亲和的一面。只要我们不跟他们端架子，对方自然也不会对我们端着“火枪口”。

在沟通上多采用聊天模式

聊天的形式会让90后更加放松，也更愿意听我们接下来要说什么。在这个过程中，我们可以使用一些现代流行语或网络语言。比如夸他们时说“你真有才”；询问时说“有没有”；表达感叹时说“我的神啊”……当然，也不能整个过程都是这些，否则就会变成滑稽表演，有失领导的身份。

总而言之，我们需要从心里去肯定和接纳他们，欣赏他们的独特和与众不同。这样，才能和他们和睦相处。

8. 给地位低下的小人物一个机会

很多中层领导的眼睛都是向上看的，比如那些毕业于名牌院校的本科生、研究生、博士生等。殊不知，在普通平凡的人群中，在那些没有光辉头衔的人群里，也是有人才的，只是我们没有发现罢了。

某公司由于业务扩展需要，准备找一个能力出众的员工。但由于公司的规模还比较小，而学历、能力俱佳的人才大多薪水要求很高，并且对方也很难屈居于这个小公司。面对这种情况，公司的人力资源经理决定在一般的小商贩中去找有能力的人。

一次偶然的机会，经理发现了一个布料商贩，对方虽然只是高中毕业，但推销手段却非常高明。两人接触后，很快谈妥了相关工作事宜，这个小商贩很快就在公司走马上任了。

坐在窗明几净的办公室里，小商贩觉得自己一定要非常努力，才能够报答公司的知遇之恩。所以，他天天废寝忘食地工作，并做出了惊人的成绩。短短两年间，公司的营业额就增加了10倍，员工也发展壮大到100多人。

要重用那些学历能力俱佳的人，尤其是在某个领域里已经具备一定“名声”的人，不说公司要付出的薪水代价会多高，或许我们还要看对方的脸色行事，因为我们得罪不起他们。但小人物就不一样了，由于这样的人身上没什么光环，又正在渴望有一个发展平台能够施展自己的能力，我们如果能给对方这样一个机会，对方自然会感激不尽。

当然，有些小人物可能会自恃有能力，不但不会显得谦卑，还会“傲气”十足，我们要想拉拢这样的小人物，就需要从大格局出发，有容人的雅量，做到“宰相肚里能撑船”。

比如乐善好施的孟尝君，他门下的许多门客也不是高人，有的人甚至就是为了混口饭吃来投靠他的。但孟尝君从没有嫌弃过这些人，都以礼相待，容忍这些人“白吃白喝”。正因为如此，这些小人物都非常感激他，一直对他忠心耿耿、尽心尽力。

况且，人是一种非常复杂的生物。这就需要我们尽力去了解自己的下属中，都潜藏着什么样的人物，他们都有哪些才能、特长，有什么样的家庭背景和社会关系等。甚至这些人都有哪些同学、朋友，他们的同学、朋友又有什么样的家庭背景和社会关系。

永远不要忽视这些“小细节”，因为在他们身上不经意的投入，很有可能会带来意想不到的收获。正是因为如此，我们才需要去团结这些小人物，当我们抓住这些“潜势力”后，也许那些所谓的“小人物”就会成为我们生命中的“贵人”。

《史记·魏公子列传》中有这样一个故事：为人仁厚的魏公子无忌对待士人，无论对方才能高低，都能以礼相待。魏国有个70岁的隐士叫侯嬴，因家中贫寒，在都城大梁北门以看守城门为生。魏公子听说后，就前去问候他，并送给他许多财物，侯嬴却不肯接受。

一次，魏公子大摆宴席，等客人坐定后，魏公子便带着礼物、坐着马车，并特意腾出表示尊贵的左边位置，亲自去迎接侯嬴。侯嬴见此，直接理了理破旧的衣服，坐到了马车的尊位上，也不谦让一下。而魏公子手持缰绳，神情反而更加恭敬了。

期间，侯嬴要求到屠宰坊去看他的朋友，还故意和朋友说了很长时间的话才离开。而魏公子却丝毫不见怒色，神情反而更加温和。到家以后，魏公子领着侯嬴上座，并为他一一介绍宾客。魏公子的态度让侯嬴深有感触，此后成为魏公子的上宾，并为他的事业做出了巨大的贡献。

有谚语说：“离开群众的人，就像落地的树叶。”古往今来，凡是有所作为的领导，都能深刻体会到尊重“小人物”的重要性。

要知道，只要有能力，小人物并不会永远是小人物，就算对方永远只是一个小人物，也有可能在特定的时期发挥他的重大作用。

所以，我们也要重视这些小人物的存在，必要时更要给他们一个能够发挥自我能力的平台。如此，才能使我们的职业生涯更加顺畅，避免在“小河沟里翻船”。

9. 不怕雇佣年长资历深的下属

现在的职场上，一个30多岁的中层领导，完全有可能带一个比自己年长十几岁的下属。虽然这种情况越来越常见，但也可能会让上下级之间的关系变得紧张。所以，很多领导都不愿意带那些年长、资历深的下属。一方面是因为有些年长的员工不喜欢年轻人指手画脚；另一方面，有些年轻的领导在面对年长的下属时，可能会有“气弱”的表现。

朱晓晓是名年轻的女主管，她的大部分下属不仅年纪比她大，还多以男性为主。其中有个下属在朱晓晓所在的行业有着丰富的经验，因此在面对朱晓晓这个上司的时候，总有种“倚老卖老”的感觉。

一次，朱晓晓根据公司的规定，要求大家把自己的工作全部归档，并且按照统一格式整理。其他人都没说什么，只有那个男下属说她瞎折腾，“我在这个行业干了20几年了，以前那样整理文件也没出过错，女人就是事儿多”。

这话把朱晓晓气得够呛，不得不说，对方的经验和才华她都非常欣赏，但这种自大且不把别人放在眼里的态度，真的让人无法忍受。

人们大多喜欢和自己相似的人相处。所以，一般年老的员工更愿意和自己的同辈打交道，而年轻人也更喜欢和年轻的同事相处。而这种“偏爱”扩展到工作上后，就会导致一些年轻的领导不太想管年老的下属，年老的下属也不喜欢跟年轻的领导打交道。

另外，有研究证据表明，在其他方面相同的情况下，年轻的领导给年长下属的评分大多较低，因为他们会在心里下意识地认为："如果这些年老的下属真是非常优秀，他们应该早已晋升了。"而在同时出现绩效欠佳的情况时，相对于年轻的下属，年轻的领导对年长的下属会更多归咎于其能力或性格，而很少建议将培训作为解决问题的办法。

各种原因所导致的结果就是，年轻的领导与年长的下属之间出现恶性循环，从而导致绩效评分低下，彼此产生冲突。正因为如此，有些年轻的领导在心里会非常排斥年长的下属。即便再排斥对方，我们也会遇到比自己年长、资历深的下属，这个时候，我们要怎么办呢？

了解年长的下属喜欢什么样的方式沟通

或许我们比较喜欢直截了当、直奔主题的沟通方式，但年长的员工可能更习惯在刚开始花几分钟的时间聊聊今天的天气。所以，当我们有个比自己年长又有资历的下属时，不妨留意下对方的工作习惯和节奏，然后对自己的风格稍加调整，以便能够顺利地和对方进行沟通。

另外，年长的员工一般比我们更能分清工作和生活的关系。所以，如果我们打算在晚上11点给对方发工作信息，就该三思了。否则会让对方觉得，我们想要让他们在一周7天、每天24小时随时待命。因此，在没有特殊情况时，晚上8点到早上6点之间，最好别谈工作。

避免让年长的下属反客为主

如果我们比下属年轻，那很可能会遭到对方的利用，尤其是新官上任的时候。比如有时候年长的下属会对我们说："你更懂技术，这个工作不如你去……"如果我们碰到了这样的事情，最好不要把工作都揽到自己身上。一般把项目交还给年长的下属，然后主动提出教他们使用必要的程序完成工作。

不要表现得“高人一等”

能坐在管理层的位置上，大多都是有真才实学的。但如果我们总是强调自己过去是多么优秀，可能显得不谦虚，有种高人一等的姿态。所以，身为领导，有时候最好少说话。尤其是手下有年长员工的时候，一般有资历的员工对权力和特权的迹象都会表现得异常敏感，即便是在给下属提供支持和鼓励的时候，也不要总说一些自己的辉煌历史。

第六章　容事，能力越大脾气越小

1. 下属犯错，不妨温和处理

当下属犯错之后，身为领导，是厉声批评，还是温和相告呢？有些领导比较喜欢厉声批评的方式，即便下属只是犯了一些小错，也会狠狠地批评对方一顿，试图让下属深刻地认识到自己的错误。

然而，他们却没有意识到，这样很容易让下属觉得我们是个不好相处的人，做起事来可能就会变得小心翼翼、畏首畏尾，担心稍有不慎就要接受领导的雷霆之怒。如此一来，下属自然就不能高效地工作。因此，为了避免这种情况发生，我们不妨采用温和的方法来对待下属所犯的错误，让对方知道，领导对他没有恶意。

认真负责的工作态度和不错的工作能力，让徐希研很快得到老板的赏识，成为企划部的经理。企划部有个毕业于外语学院的职员，工作能力也不错，英文很好。但徐希研听同事说，对方很喜欢在上班时间读英文读物。

这天，徐希研开完会回办公室看到其他同事都在忙着做自己的工作，只有那个职员正捧着一本英文著作读得津津有味。徐希研并没有直接上去指责对方，而是先瞄了一眼她手里的书籍，发现是英文版的《小王子》。

然后徐希研看着对方笑着说："看来你很喜欢《小王子》这本书？"发现自

已看闲书被抓了，对方有些尴尬。徐希研又说道：“这本书的内容确实非常精彩，但好像对我们的工作没有很大的帮助，不如以后回家再读？”从那以后，徐希研再没有在公司看到对方读闲杂书籍。

这种处理方式就非常温和，不仅能体现出一个领导的包容心，效果也胜过厉声指责许多。最后既为下属留了面子，又有效地提醒了对方的错误，让对方时刻谨记自己的本职工作。况且，每个人都会犯错，作为领导，我们只需要让下属从错误中吸取教训，从而更快地成长起来，而不是一味去指责对方为什么又犯错了。

所以，用温和的方式指出下属的错误，才是我们有格局的一种表现。正因为如此，我们要理智地对待下属的错误，免得“因小失大”。

拿破仑曾率领部队夜宿在一个盛产葡萄的小镇，当天夜里，一个士兵感到口渴，又一时找不到水，就悄悄摘了一串葡萄吃。第二天葡萄园主看到地上的葡萄皮，生气地对拿破仑说：“你手下的人偷吃了我的葡萄，必须查出来是谁干的。”

拿破仑向葡萄园主道了歉、赔了钱，才让对方消气。原本他准备严厉查办偷吃葡萄的士兵，但他很快冷静下来，告诉自己要忍。因为眼下正是用人之际，处罚一个人是小事，但会影响士气。并且士兵们肯定是因为口渴难耐才会偷吃葡萄。

于是，他放弃查办偷吃葡萄的人，只在早操训话时说了一句：“有人太渴，偷吃了人家的葡萄，有失军纪！我已向人家赔礼道歉，并得到谅解。我希望这种事再也不要发生了！”说罢，他宣布早操结束。

而接下来的故事发展，拿破仑的“容忍”发挥了伟大的力量！先是葡萄园主对拿破仑的宽厚表示敬意，主动送来一大筐葡萄；然后偷葡萄的士兵勇敢地站起来承认了错误，表示自己愿意接受处罚；最后这名士兵为拿破仑南征北战、出生入死，立下了赫赫战功。

很多领导发现下属犯了错，尤其是当对方的错误让自己有失颜面，甚至有损利益的时候，第一反应大多是自己一定要“严办”这件事，让下属知道其中的“厉害”。殊不知，这个时候我们更应该冷静下来，让自己找到妥善处理的方法。

比如我们可以在一张纸上罗列出对方的一系列优点，告诉自己这个人曾为部门和公司创造了很多利润，而这次的错误与他的优点相比起来，是微不足道的。当我们完成这个清单时，自己的火气基本也就消了，也就能理智地看待这个问题了。

总而言之，当我们在工作中发现下属有什么疏漏时，用较为温和的方式来对待这件事，才是一种绝佳的智慧。所以，我们要尽量控制自己的脾气，能用提醒的方式，就不要批评。如果提醒过后，对方仍然不知道自己错在哪里，那就找个时间单独和对方进行沟通，并在这个过程中适当地提出批评。

2. 不可随意拿下属撒气

有些领导在批评下属时所表现出来的态度，好像完全把批评当成是一种发泄的渠道。有时心情不好，即便下属没有犯错，他也会随意向无辜的下属撒气，似乎把下属当成“出气筒”一般。

在这个过程中，我们一开始可能还能比较克制，但随着各种因素的积累，我们的情感、情绪也会发生变化。比如会激动地拍桌子、随手摔东西、指着下属的鼻子骂等，让自己看起来就像个暴君一样。殊不知，这种方式是非常不可取的。

一天，赵彦飞见完客户后匆匆忙忙返回公司，正巧在公司大厅碰到正要外出的经理。他就将客户的访问情况和结果，向经理做了简单的汇报，由于事情进展得不是很顺利，经理就站在大厅里毫无顾忌地将他训斥了一顿。

周围的同事都用异样的眼光看着他，因为自己确实没有顺利完成任务，只好委曲求全地不断向经理道歉。等经理终于发完了火，他才匆匆逃离了现场。

赵彦飞一边暗叹自己倒霉，一边看了看时间，准备下班。将文件整理好再回到大厅时，正好看到女友的身影，问过后才知道，女友刚好顺路，所以过来准备和他一起回去。这时，他的脑子里立刻闪过一个念头：刚才的事情一定被她看见了。

这个想法让他深受打击，甚至提不起精神与女友继续约会。此后不久，觉得自己在女友面前怎么也不得劲的他选择了分手，公司那边也直接递交了辞呈。

每个人都是好面子的，如果我们毫无顾忌的对下属当众进行批评，对方可能根本听不进去，只会产生强烈的羞耻心。尤其是有些领导说话时“百无禁忌”，经常出口伤人，比如面对工作能力稍差的下属会说：“他要是能调走，我磕头都来不及。”像这种话就是非常伤人自尊的。

还有些领导总是喜欢用自己的喜恶来教训下属，比如对自己不喜欢的员工说：“你是什么东西，整天成事不足败事有余！”却不曾想到，这种话一出口，不仅让下属心灰意冷，还会进一步激化上下级的矛盾。

盛夏的中午，一群工人正在休息，一个监工看到后，马上走过去把大家臭骂了一顿，说他们拿了钱却在这里偷懒闲坐，真是可耻。“再让我发现一次，工钱都别想要了。”最后监工这样说。

工人们怕监工扣工钱，马上站起来去工作，但当对方一走，他们又立刻停下来。另一位监工看到这种情况，想着这么做不成，并且强硬的态度反而更容易激起大家的逆反心理，工人们可能会更加没有效率。

这位监工思索了一下，走过来和颜悦色地对工人们说：“天气真是热死了，就算在这坐着休息还是会不停地流汗，大家真是辛苦了。但工作任务确实比较紧，让我们稍微忍耐一下赶一赶。如果今天的活儿能早点干完，大家就可以早点回去冲个澡休息了。”

听到他的话，工人们果然忍着酷暑去工作了。

有调查研究表明：凡是自尊心较强的人，无论在什么岗位上都会尽自己的努力，而不甘落后于人。因此，身为中层管理者，我们必须明白，下属的自尊心是要受到保护的。这样不仅是对下属人格的尊重，对个人和公司的发展也大有好处。

除了要保护下属的自尊心之外，我们还要想办法增强下属的自尊心。比如注重礼节，让他们感受到自己与上级在人格上是平等的；或者适当地使用褒奖，让他们有荣誉感。

对此，美国管理心理学家欧廉·尤里斯教授曾这样忠告人们：“当你感觉自己开始兴奋时，请努力降低自己的声调，继而放慢自己的语速，胸部挺直。”之所以要降低声调，是因为大声说话时的声调会催化人的感情，比如让已经冲动起来的情绪变得更为强烈，从而造成不应有的后果。

而放慢语速，则是因为语速变快和大声说话所造成的后果是一样的，会让人显得激动，也会激发对方的情绪。至于为什么要挺直胸部，是因为情绪激动或气氛紧张时，我们的身体很容易向前倾，形成咄咄逼人的姿态。而把胸部挺直，不仅可以让自己深呼吸，也可以让自己的身体后移一点，对紧张的局势起到一定的淡化作用。

简单来说，降低声音、放慢语速、挺直胸部是几种颇有见地的经验之谈，如果我们能在批评下属时运用到这几点，更有助于下属接受批评。

更何况，领导和下属只有级别之分，所以不要认为下属的地位比自己低、能力比自己差，就可以随意向下属发泄，更不能将批评下属视为发泄自己不满的方式。只有真诚而善意的批评，才能让下属感受到我们的关怀与重视，下属也更愿意向我们期待的方向转变。也只有如此，我们才能成为一个有胸襟、有气度、有大格局的中层领导，在下属心中树立威信。

3. 越是危机当前，越不能急躁

在《权书·心术》一文中苏洵言："为将之道，当先治心，泰山崩于前而色不变，麋鹿行于左而目不瞬。然后可以制利害，可以制敌。"他以此来形容人的沉着镇静、遇事不慌，方能为将并克敌制胜。

而在职场中，一个遇事就慌，并且很长时间都不能冷静下来的领导，显然是缺乏格局观的。所以，我们必须有遇事马上冷静下来的本领，并且越是危急时刻，越不能急躁。只有这样，才有可能更快想出解决问题的方法。

这天，可口可乐公司的总部接到一个投诉电话，对方在电话里怒气冲冲地说："你们的可口可乐简直是杀人的武器，如果你们不能给我一个信服的解释，我会向联邦法院起诉你们，并将这件事向媒体公布！"原来，这位客户竟然在可口可乐里发现了一枚别针。

可口可乐里怎么会有别针呢？公司的各个领导怎么也想不明白，但这并不妨碍他们对这件事的重视。因为他们清楚，这件事情一旦闹大，对公司的影响是非常大的。对此，公司的领导并未慌乱，他们立刻成立了一个危机公关处理临时调查小组，连夜赶往事发地点。

为了尽快给客户一个信服的说法，调查组还特意带着对方到当地分厂进行了突击检查，工人也积极配合，表示根本不可能将别针放到可乐里。如此，肯定是查不出什么来了。调查组真诚地向该客户道歉，表示公司一定会加强管理，保证类似的事情绝不会再发生，并向客户赔偿了一万美元的精神损失费，还邀请对方到公司总部免费参观。

客户没有想到，自己愤怒之下打的这个投诉电话，竟然会引起可口可乐公司这般重视，并且对公司处理问题的态度和结果都非常满意。

一个突然危机，就这样被可口可乐轻易解决了，由此我们可以看出：当领导遇事能够冷静、理智地对待突发事件，那即便是陷入可怕的境地中，也能反败为胜。

更何况，身为公司的中层，上级有问题时，会要求我们去解决；下属有困难时，同样需要我们去面对。因此，无论什么事情，我们都应该比别人想得更多、做得更多。如此，我们才能解决问题，推进工作，从而创造效益。

可能有的人会说“这个问题我没有遇到过”“我还不太了解这方面的流程”“我还没什么经验”等。殊不知，很多问题当我们勇敢去面对后，它就不再是问题了。比如对相关流程不了解，那就可以向有经验的人请教，多收集各方面的建议，认真分析，总能找到解决问题的答案。

美国历史上有一位名叫格兰特的杰出将领，而他之所以能取得如此大的成就，很大一部分原因就在于，他比别人更加敢于面对问题。

比如在攻击亨利要塞和多纳尔森要塞时，大多将领都觉得这两个要塞防守顽强、守卫森严，工事更是坚不可摧，贸然攻击只会自取灭亡。但格兰特却主动请缨，要求攻打这两个要塞。当时很多人都觉得他疯了，要知道，万一他失败的话，不仅会被免职，还可能被送上军事法庭。即便如此，他仍然坚持这样做。

格兰特的请求通过后，他第一次使用铁甲舰配合水陆两栖进攻，在极短的时间里，用最小的伤亡攻下了大家认为无法攻克的要塞。之后不久，格兰特就得到了升迁，并在美国南北战争中，为北方的获胜立下了汗马功劳。

所以说，当我们遇到问题时，决不能畏首畏尾。相反，越是在危急关头，我们越应勇于挑战、敢作敢为。

要知道，一个安分守己的中层领导或许是一名合格的员工，但在老板心中，他并不能成为最出色的那一位。老板需要的，是有格局意识、敢于迎接困难的中层。而对公司来说，在激烈的市场竞争环境下，一个公司想要获得更快、更好的发展，同样需要那些敢闯、敢拼的中层，只有这样的人才能带动下属不断前进。

4. 有不计前嫌的胸怀

很多中层领导很讲“派”，一旦有下属令自己不满意，或者顶撞了自己，就会觉得自己丢了面子，然后对其进行重重的处罚。他却不曾想，下属之所以会“以下犯上”，是因为对方的忍耐已经到了极限。在这个时候，如果我们只知道生气，忙着“秋后算账”，而不去找原因化解问题，只能说明这个人的心胸有问题。

赵杰是公司宣传部的经理，之前有个助理，跟过他一年多。两人原本相处得不错，后来，赵杰无意中听到助理和其他同事笑话自己“肚子跟7个月的孕妇一样”。赵杰很生气，觉得自己受到了严重的冒犯，如果不给对方一点颜色看看，以后还不知道会说出什么令人生气的话。

之后，赵杰就不断找助理的茬儿，什么“连整理文件都做不好，我要你干什么？”“订一份文件用三个订书针，不是自己的东西不心疼是吧？”“打字声音能不能小点，办公室不是只有你一个人在工作”……

助理不知道他发火的原因，做事愈发小心翼翼，却还是避免不了被赵杰训斥。这天，赵杰指着助理刚完成的PPT说：“你看你做的什么东西，内容我就不说了，竟然用大红色做背景，俗不俗，有没有审美？”助理不打算再忍了，大声顶撞道“你品位高，那你自己做啊。”

“我是你的上级，现在是在指导你的工作，你还出言顶撞，有没有素质？不想干就滚。”助理一怒之下，当天就递交辞呈离开了公司。

面对下属言语上的冒犯，有些领导总是喜欢抓着不放，或者从其他地方找回“场子”。殊不知，这种行为无论是对自己，还是对公司发展来说，都是非常不利的。因此，对于那些冒犯自己的人，我们首先要做的是冷静，针对引发冒犯的问题进行自我反省，并有效和对方进行沟通，消除误会。

另外，对于冒犯自己的下属，无论出于什么目的，事情处理之后都要有宽广的胸襟，而不是选择打击报复。要学会对冒犯者更加重视，对其工作上存在的困难也要及时给予帮助，使对方能以更加积极的心态投入到工作中。只有这样，才能体现出领导的气度和魅力，真正维护好领导的形象，真正有利于工作的开展。

况且，由于每个人的文化程度、经历、年龄、性格、思维方式等方面的差异，难免会产生意见分歧。当我们同这些与自己意见相左，特别是反对过自己的人相处时，要注意在语言、行为上公正地对待他们，不计前嫌、宽容大度，才是具有大格局的体现。

比如昔日管仲箭射齐桓公，齐桓公能礼用管仲；贾诩施计杀死曹操的长子，曹操仍然对其委以重任；魏征曾建议杀死李世民，李世民却能重用魏征……这些都是不计前嫌、宽容大度的表率。

而对于公司里的中层领导者来说，要想成功开展自己的工作，在能力、地位等方面更上一层楼，就必须要有宽大的胸怀。

张旭炎是一家中等规模公司的市场部经理，和其他员工一样，他希望公司能发展壮大，也希望自己的位置能往上升一升，比如他对总监的位子“觊觎”良久。而刘晓是市场部的新人，是个性格外向的90后，没多长时间就和同事打成了一片。

在一次工作中，刘晓不同意张旭炎的工作安排，觉得那是在“浪费时间”“做无用功”。在两人“唇枪舌剑”的交锋中，张旭炎发现刘晓对市场销售这一块很有天赋，并且敢想敢说，比如对方激烈地批评了公司目前在市场销售方面存在的问题，虽然还略显稚嫩，但不乏独特见解。

所以，张旭炎不仅没有因为刘晓反对自己而怀恨在心，反而起了爱才之心，开始注重发挥对方的才干。他不计前嫌的宽宏大度使刘晓深受感动，两人开始了真诚合作。之后，市场部的业绩一直居高不下，张旭炎顺利成为总监，刘晓也被提拔为经理。

由此可见，一个领导是否有不计前嫌的胸襟，直接关系到他能否晋升，也关系到公司的发展前途。因此，一个优秀的领导对于有才华的反对者，就应该以宽广的胸怀和大度的气量去主动接近、团结并启用他们，让对方感受到我们爱才之心和容才之量，从而使他们改变对我们的态度，并愿意为我们所用。

比如我们对下属的反对意见或批评要持一种欢迎的态度，并建立起通畅的沟通渠道，让那些对自己有不同意见的下属，能够随时和自己进行沟通交流，这样就能把问题消灭在萌芽状态。如此，不仅有利于我们和下属建立起良好的关系，下属冒犯自己的概率也会大大降低，我们在工作中也能得到更多的支持。

5. 主动承担责任，有推功揽过的气度

有职场咨询专家说过：“责任意识是格局意识在工作中的具体表现。如果没有敬业尽责的态度，那么格局意识就如同纸上谈兵，工作也不会取得理想的成绩。”由此可以看出，想要知道一个领导是否具有格局意识，首先就要看他是否具有强烈的责任心。

李伟涛是一家公司保卫科的执勤队长，平时工作认真负责，凡是过往的车辆，他都会带着队员在车厢里仔细检查，并认真核对每笔货物的数量。有人觉得他大惊小怪，简直就是在给自己的工作增加负担。但他并不在意，依然坚持如斯。

凭着这样的工作信念，李伟涛让公司每年上亿元的物资没有出过半点错，查获不法分子偷盗无数次，为公司避免了很大的经济损失，使公司的物资财产安全得到了有效的保障。

他这种对工作、对公司认真负责的态度赢得了高层领导的赏识，并给他颁发了“最佳员工”奖。对此，他谦虚地说：“我并没有做什么，都是大家的功劳。”

也正是因为李伟涛的这种工作态度，让他在不久之后就被调入公司安全科担任主管。后来，他又顺理成章成了公司安全部门的经理。

无论我们在公司的职位大小，我们都必须明白：身为一名员工，我们每个人所要承担的责任都是非常重要的。如果我们为了成为别人眼中的“大好人”，而对自己的工作睁只眼闭只眼，那是极其不负责任的表现。

就像比尔·盖茨所说的：“工作负责是每一个员工应有的品质，即使你的职位再渺小、工作再平凡，只要你决定上岗，就对自己的工作有着不可推卸的责任。”他还表示，只有具备高度责任感，才能在工作中勇敢地担起自己的责任，把工作中的每一个环节都努力做到完美，这样的员工才能成为真正优秀的员工，才能晋升得更快。

但光有承担责任的能力还是不够的，身为公司的中层领导，我们还需要有“推功揽过”的气度。那种领导自己犯了错，却让下属来背黑锅的行为，就是非常不可取的。

不仅如此，当下属犯错时，作为领导，还要学会承担主要责任。对此，联想创始人柳传志曾说过：“当部下犯了过错后，领导者显出无能为力，他就不能当一个领导者，因为他不具备一个领导者应该具备的基本素质。”

只有敢于承担，才能坐上中层领导的位置。

海洋和李明是快递公司的两名员工，他们的工作都非常认真、努力。公司对他们非常满意，决定重用他们，但两人的命运却被一件事改变了。

那天，两人负责将一件大宗邮件送到机场，邮件是个古董，非常贵重，上司反复嘱咐他们要小心。结果海洋把邮件递给李明时，李明没接住，邮包一下掉在了地上，“哗啦”一声，物品碎了。两人都知道，发生这样的事，没了工作都是小事，最糟糕的是，还要背负巨额债务。果然，两人遭到了上司严厉的批评，表示一定会追究责任。

为了逃避责任，李明对上司说：“不是我的错，是海洋不小心弄坏的。”上司平静地点点头，表示自己知道了。然后上司把海洋叫到办公室，询问事情的经过，海洋就把事情原委告诉了上司，并表示：“这件事情是我们的失职，我愿意承担责任。另外，李明的家境不太好，如果可能的话，他的责任我也愿意承担。”

两人一直在等待处理结果，这天上司对两人说：“公司原本准备从你们中选一个客户部经理，现在公司决定请海洋担任客户部经理，因为一个勇于承担责任的人是值得信任的。”他接着说：“至于这次事件的处罚决定，海洋，你偿还客户的钱可以从工资中分期扣除。至于李明，你自己想办法偿还给客户，并且你明天不用来上班了。”

每个人都有犯错误的时候，这并不可怕，可怕的是找各种借口和理由推卸责任，不敢承认。而我们想要在职场中独当一面，无论职位高低、能力大小，还是身在何种性质的公司，不管岗位职责管理幅度宽窄，都必须要立足于本职，肩负起自己应有的责任。如此，才能对得起那份薪水和良知。

对此，被称为“现代管理学之父”的彼得·德鲁克曾多次撰文表示责任的重要性。比如在他的著作《管理实践》一书中，他就多次提到“责任”二字；在《管理：任务、责任、实践》一书中也多次指出：所谓管理，就是管理任务、管理责任、勇于实践，其中，承担责任则是管理的核心要素。

而身为中层领导，如果总是逃避责任，那肯定是一个缺乏格局意识的人。因为下属是奉领导的命令去执行任务，如果最终结果不理想，也可能是决策有误或监督力度不够。所以，我们必须要学会勇于承担责任。

6. 鼓励下属理性冒险

领导管理员工的目的，就是让员工对自己服从，而这种服从的关系，则来自于权力和权威两个方面。领导的地位高、权力大，对于不服从管理的员工可以直接进行制裁，这种服从是权力上的。而领导的气质、学识、经验、智慧等人格魅力，让员工自愿服从，这种服从才是真正对公司发展有益的服从，才是有大格局的。尤其是管理那些优秀的员工，人格魅力远比权威和权力都更加重要。

况且，职场上到处充满了不确定性，在这样的环境下工作，我们每个人都不能保证全部都会成功。所以，我们更应该理性地对待员工，只要对方能够多做对的事，少做错的事，那他就是一个优秀的员工。如果我们总是对下属加以限制，那他们工作起来就会显得畏首畏尾，从而扼杀他们的创新精神和冒险精神。久而久之，就会形成“无过便是功”的想法，公司和个人想要获得发展，自然就会变得异常艰难。

筑波科技城被称为日本的“硅谷”，据说，日本每年都会把最好的大学生送到这里来，但一直没有取得什么出色的成绩。其中原因之一，就是这里的企业不能容忍员工的失败，限制了员工的创新性。

而美国的企业却正好相反，大多数美国公司的领导都知道，想要让员工敢于创新，就要先让对方打消害怕因失败而遭受惩罚的念头。所以，他们总是鼓励员工进行不同形式的“冒险”，并在这些过程中保留正确的东西。

比如一家典型的美国公司的老板就对员工宣扬了这样的观点：“你们放手去做自己认为对的事情，即使犯了错误，也可以从中得到教训，不再犯同样的错误。”在他的鼓励之下，员工开始放心大胆地去探索和实验，为公司做了许多贡献。

对任何人来说，冒险精神都是一种宝贵的品质，它需要勇气和资本。如果我们能在不确定中靠着某种灵感去冒险，才有获得成功的机会，当然，也有可能会导致失败。如果我们不允许下属失败，一旦失败还给予严惩，那下属就不会积极主动地去工作。如此一来，公司就会失去发展的动力。

正因为如此，职场咨询专家指出，身为公司的领导，应当鼓励下属去理性冒险，理性创新，并允许下属失败。当下属因为冒险而犯错时，不应当给予过多的指责，而当下属冒险成功的时候，一定要多加赞赏，并给予相应的回报。

由此可见，一个有大格局智慧的领导，绝不会用责任的包袱影响下属的冒险思维。想要让对方有所创新，就要允许对方失败。如果真的失败了，解决问题的关键也在于找出犯错的原因，而不是惩罚犯错误的人。

某公司市场研发部的主管跟自己的老板抱怨："事情太多了，有时候部门里出现了问题，我都找不到该负责任的员工。"

老板听后却说："这就对了，如果真的找到那名员工，可能就会影响到其他员工。每个人都有可能犯错，谁也不敢保证自己永远正确，我也不例外。但从长远来看，这些错误还不至于动摇整个公司。错误也许会导致一些损失，但如果对方真心为公司，那就是可以被原谅的。如果一个员工因为犯错误而被剥夺了升迁机会，也许会就此一蹶不振，也会影响其他人为公司做出贡献。"

如果一家公司总是担心员工的冒险会失败，认为谁失败，谁就要负责任，那公司里肯定不会有多少人敢真正地去冒险和创新，最后公司一定会丧失竞争力。所以，一个有格局的领导要主动打消下属的这种顾虑，允许他们犯错或失败。因为在很大程度上，失败的尝试并不是坏事，最糟糕的事情是下属因为害怕失败，而不敢有任何冒险和创新的行动。

除此之外，培养下属的风险意识，也是帮助其在工作中培养创业家精神的一部分，它可以调动下属的工作积极性。所以，对公司领导来说，支持和鼓励下属适当承担风险，并对其探险行为予以奖励是很重要的。

而在这个过程中，我们需要告诉下属冒险是有一定风险的，让下属做好充分的准备，才能让公司和个人都得到提升。也就是说，我们应该帮助下属尝试新的方法以改善工作，并支持他们为此承担一定的风险。

不仅如此，我们还应该给下属的冒险行为授权。比如在做风险决策时，允许对方发挥积极作用。当然，这需要我们准确衡量可能获得的回报，再决定这个冒险是否值得我们为其承担风险，并考虑公司能否承担由此带来的任何后果。

7. 管理者要有坦承错误的气度

身为中层领导的你会向下属说“对不起”吗？面对这个问题，不少人都表示不理解：“什么，领导向下属道歉？下属做错事向领导道歉还差不多，哪有领导向下属道歉之理？”

确实，在职场中，当下属犯了错误后，大多会马上向领导承认错误，请求对方的原谅。但反过来，当领导犯了错误时，却不见得会做出同样的道歉行为。对此，有权威网站曾做过一项调查，结果显示：有超过60%的领导没有为自己的错误行为向下属道过歉。

在一次项目合作会议上，项目经理有一个总结发言，这个过程会用到PPT，结果在PPT首页，大家却发现老板的名字被打错了。当时不少人都在窃窃私语，经理有点下不了台，项目组长立即圆场说：“是我准备PPT的时候粗心了。”

事实上，那名项目组长平时做事非常严谨，绝不可能犯这种低级错误，所以大家都心知肚明，一定是项目经理自己添加内容的时候写错了。

大家原本以为那名经理会承认错误，谁知他很认真地对项目组长说：“你也太粗心了，下次注意点。”当时那位项目组长尴尬的表情，大家一直记忆犹新。

这个经理明显是比较自私和狭隘的，他不愿意主动承认自己的错误也在情理之中，因为他没有底气，也没有那个自信和气量。事实上，向下属承认自己的错误，是做领导的一种责任意识。下属在这样的领导手下工作，也更有安全感。

但在现代职场中，很多领导都没有意识到这个问题，他们只是觉得这很“跌份儿”。对此，某公司策划部的经理曾说过：“有时候我虽然能认识到自己的错误，但不知该如何向下属说明，我很担心向对方道歉后，他们会在心里嘲笑我，然后以后没办法继续管理他们。”

殊不知，这种担心完全是没有必要的。有相关调查显示：有97%的职场中人表示道歉和职位的高低无关，并且无论是当面道歉或是私下道歉，只要勇于承认自己的错误，他就是个好领导。而对错误进行掩饰，只会错过修正问题的机会，甚至会为今后的职业生涯埋下隐患。

戴尔凭着直销的方式，不仅降低了公司的经营成本，还赢得了极高的客户满意度，让他的公司遥遥领先于其他竞争对手，成为世界领先的电脑系统厂商。

取得了这么大的成功，戴尔却从不摆架子，与员工说话也不装腔作势。如果犯了错误，他也会在发现后第一时间向员工承认错误。他说："管理人员必须勇敢地承认错误，坦然面对错误，我的原则就是不找借口，承认错误。"

事实上，承认自己的错误并不是什么坏事，并不会影响自己的权威或让下属看不起自己。相反，下属只会更加尊敬这样的领导，认为领导承担了他们应该承担的责任，非常负责。与此同时，还会让下属觉得："领导信任我们，才会不在乎在我们面前暴露自己的缺点。"当下属对领导抱有这种想法时，就不会再对领导设防，忠诚度也会很高。

所以，身为领导的我们，应该勇于承认自己的错误。这样不仅可以消除上下级之间的隔阂，为彼此创造出融洽的工作氛围，还有助于提高自己的威信，对于管理也是非常有利的。

但是，道歉并不是一句简单的"对不起"就完事了，还需要一定的方法。比如道歉一定要及时，因为这关系到最后的效果。当我们因为某些原因不能及时向下属道歉时，切忌将时间延迟得太久。一般最晚不要超过三天，避免下属心中的积怨变深，影响道歉的效果。并且道歉还要分时机，比如当双方都在气头上的时候，马上道歉肯定就不合适。那不妨等双方都冷静下来，再给对方道歉。

除此之外，道歉的态度也很重要。如果我们端着领导的架子，摆出居高临下的样子跟对方说"对不起"，下属多半会以为领导只是在装腔作势，非但不会接受，还可能会适得其反。

8. 下属顶撞你，控制好情绪理智对待

当我们晋升中层后，我们会被客户怼、被领导怼，这都是日常工作的常态。事实上，在公司的经营管理活动中，领导与下属虽然在大部分时间里都能和谐相处，但也确实存在被下属顶撞的情况。当我们被下属怼的时候，就会觉得颜面无存，自己没有得到应有的权威尊重，严重者还会给对方“穿小鞋”。甚至有时候会出现大打出手的情况，并为公司和个人带来极其不良的影响。

设计部的主管要求刚来没多久的下属在保存文件的时候，不要用中文名，要用英文或字母。

谁知这名下属却推三阻四，说自己不习惯用字母，怕到时候找不到，就是不愿意执行。后来还跟主管发脾气：“我这个文件更好找吧，为什么一定要统一格式。”

主管一听这话，觉得这个人简直不把自己放在眼里，自己要不强硬起来，以后还怎么管理下面的员工？所以就态度非常不好地说：“让你改你就改，这是公司的规定，你一个新人哪来这么多事儿。”

就这样，两人为这件小事闹得非常不愉快。

其实在职场中，无论是下属顶撞领导，还是领导因为下属的顶撞而发火，对双方而言都是没有必要的。因为我们都清楚，其结果大多都会两败俱伤，领导的权威受到了挑战，下属也因此而心怀不满。最后不管是领导一发火炒了下属，还是下属带着坏情绪工作，对公司来说都是一种损失，对其他员工也会造成负面的影响。

当然，我们对下属主观顶撞行为的发生节点、频率及程度，是没有办法控制的。但是，作为公司的领导，我们需要做的是，先提高自己对危机事件的处理能力，比如及时且有效地化解下属的顶撞行为，这是完全可以做到的。

一次，杨孝杰因为一个下属工作上的失误，严厉地指责对方。可能是因为他

当时的情绪有些冲动，语气不太好，对方也气冲冲地顶撞了他几句。然后两人不欢而散了。

冷静下来后，杨孝杰觉得这件事虽然起因是下属的工作没做好，但自己的态度也不对，应该换一种更温和的方式去处理。况且，自己身为一个团队领导，如果不能解决这个问题，只会让各自都陷在负面情绪里。所以，他决定找对方谈谈。

第二天，杨孝杰主动找到对方，先就昨天自己的语气向他诚恳地道歉，然后又当面指出对方在工作上的问题。随着双方谈话的深入，杨孝杰能感受到对方的态度越来越积极，最后更明确向他表示昨天自己在工作上的缺失，并向他道歉。

下属顶撞上级，其实是工作中人与人、人与事之间矛盾运动的产物，是一种非常正常的现象。而对下属的顶撞处理得当，不仅能改善上下级关系、树立自身的领导形象，更能对我们的工作起到良好的促进作用。因此，对于如何处理好下属的顶撞，我们应该好好学习一下。

一般情况下，我们需要先弄清楚发生矛盾的原因，这个原因可能是多方面的，比如是因为过于自信而不能容忍下属的意见；或者是因为对下属的批评与事实不符或出入较大；或者是因为与下属缺乏及时的沟通。具体情况具体分析，更容易解决彼此之间的矛盾。

另外，遭遇下属顶撞的情况无非两种，即因公或因私。如果下属是“因公”而顶撞，那说明对方的出发点是好的，只是采取的方式不妥，这就需要我们秉公对待，不可夹杂私心和私利，更不可直接和下属针尖对麦芒。如果下属是“因私”而顶撞，那我们也需要判断对方的意图再处理。比如对方是因为个人利益没有得到满足才这样做，能够当场给予解释答复的，最好尽快答复，如果不能，也可以承诺事后调查，给予答复。当然，对于下属违背原则的要求，我们就要马上予以拒绝和驳斥。

除此之外，下属顶撞领导的情况大多都不是轻易发生的，而是一个逐渐演变的过程，往往是从小到大、从隐到显、从萌芽到激化。我们想要及时化解这一问题，最好能和对方一起找个时间坐下来，积极沟通，做到以理服人 。

如果双方沟通不及时、不主动，或是一方积极主动而另一方消极被动，这就很容易造成“旧恨未解，新仇又结”的现象，结果肯定会愈闹愈僵，难以收拾。

而在沟通的过程中，我们都不能强词夺理、夸夸其谈，更不能用强硬手段迫使下属屈服。正确的做法是攻心为上，要对下属摆事实、讲道理。对其错误的地方更要耐心解释、细心说明，这样才能让对方心悦诚服。

9. 面对客户的责难，无论多么委屈都要笑脸相迎

工作中，我们总会遇到形形色色的客户，他们的身份地位、社会阅历、性格脾气等各不相同，所以我们对待客户的方式，也应该因人而异。最后获得的结果与我们自身的格局大小相关。一个具有大格局的人，在面对客户的责难时，无论多么委屈，都会笑脸相迎。而一个格局较小的人，就只会无限放大自己的委屈，甚至影响自己的工作。

安晓蓉从事的是鲜花行业的工作，身边的朋友总说：“真羡慕你，每天和漂亮的花花草草打交道，工作一定轻松又快乐。”安晓蓉每次听到这样的赞叹都有点如鲠在喉，她不知该如何跟朋友们解释，在每一束光鲜亮丽的鲜花背后，自己经历了什么。

先不说每次处理花的过程是如何艰难，就拿送花来说，因为大多数花都非常脆弱，一定要用最快的速度把它处理好，以保证花以最好的状态到客户手上。但有时候在运送的过程中难免会有所损坏，就会遭到客户的责难。这个时候，她依然得擦下满脸的汗水，对客户笑脸相迎、诚心道歉并耐心解释。

比如在情人节的时候，很多客户都会过来订购玫瑰。但即便手指被戳得千疮百孔，安晓蓉还是要继续打刺。而当玫瑰送到客户手上时，依然会有“有朵玫瑰看起来有点蔫儿了”“这个包装不怎么好看”这样的抱怨。有些客户的脾气比较

火爆，安晓蓉不止一次被对方责难到躲起来哭，但在面对他们的时候，她永远带着灿烂的笑容。

面对客户的时候，即便是我们时刻遵循着“客户是上帝”“客户利益无小事”“客户至上”的法则，也未必能满足所有客户的要求。

因此，我们总能在公司的意见簿或论坛上听见这样那样的抱怨之声，客户对员工的投诉也是屡见不鲜。这个时候，就需要我们以平和的心态来面对客户的责难。毕竟当客户对我们有所责难的时候，肯定是因为觉得我们的服务在某方面没有达到对方的要求。这个时候，无论事情大小，先道歉总是没错的。

张宇翔是某公司销售部的推销经理。很多人都觉得，“推销”这个行业里，女人比男人容易做，美女比普通女人容易做。但张宇翔既不是美女也不是女人，长得还有点“抱歉”，却总能在公司的销售业绩上名列前茅。“你是怎么做到的？”有人好奇地问。

他说：“其实客户要买你的东西，或多或少都会对你有点善意，但在如今的市场中，因为去追求善意而获得成功，对我来说属于小概率事件，那我就追求歉意。我也经常会遭遇客户的责难，有些的确错了，有些也确实没错，无论对方对我如何，都就事论事，不生气不怄气。这样一来，客户相处久了，就难免产生点歉意。”

“为什么会有歉意？”

“你想啊，你今天批评人了甚至辱骂人了，等你静下心来一想，难免生出一丝歉意来。这歉意不是因为自己说错了，而是觉得自己控制不住自己的愤怒。很多客户会产生纠纷，其实都是因为一时之气，态度好点并解释一下，问题就可能解决了。”

当我们和客户接触后就能发现：大多数客户都不是那种得理不饶人的人，许多客户其实就是想把问题说清楚，并得到解决。如果工作人员的态度好、不忽悠、不摆架子，对方一般都能接受，即便问题解决不了也不至于不开心。

况且，对客户笑脸相迎、语言得体，原本就是对对方最基本的尊重，能让对方感受到自己被重视，并获得心理上的愉悦感。当然，客户因为“气不顺”，可能会表达不清、行为粗鲁，但我们只有时刻保持冷静去分析客户的真正需求，才能让对方获得问题被解决的满足感。

另外，公司的最终目的是为了盈利，如果我们能够更加注重下属的工作表现，关心下属的人格尊严、人生价值、发展希望等，自然会增加下属对公司的满意度。有了愉悦的工作环境后，工作效率肯定也会相应提高。

而当下属表现出高质量的服务后，客户的满意度肯定也会有所增加，从而在客户与公司之间无形地建立起更深的信任，培养更多的忠实客户，为公司带来更多的盈利。这是一个良性循环，而这个循环却离不开有效服务态度的推动。

10. 扛得住压力，是中层领导的基本素养

身处职场，职位越高责任越大，压力自然也越大。尤其是公司的领导，不仅要承担公司的运营指标，还要规划未来的发展方向，身上的压力比普通员工要大得多。而有些领导在面对压力的时候，却经常诉苦或在关键时刻掉链子，这样的人，必然很难成为合格的领导。

郑华在某公司工作，平时工作认真，任务也完成得不错。但他总喜欢诉苦，并且心理素质不好，抗压能力也比较弱，这些缺点让他难以晋升成为领导。

记得有一次，总经理看他平时表现不错，就安排他去接待总部领导。结果，他因为内心紧张惶恐，临时出了很多差错。当时总经理对他的表现非常不满意，逐渐改变了对他的态度。

后来，郑华又因为工作踏实获得了领导的重视，给他安排的工作也越来越多。刚开始郑华还算努力，但随着工作的逐渐加剧，他开始和身边的同事诉苦。比如

他经常和同事说："哎呀，还是你们好，下班可以早点回家，你看我每天忙不完的活。"

这些话不经意间流入领导的耳中，至此，郑华再没有得到领导的重用。

一个扛不住压力的人，就不具备成为领导的素质，日后也很难走上管理岗位。成为中层领导后，我们将要面临的压力只会更大。比如中层领导经常需要顶住来自高层的压力，做着琐碎的工作，一旦出了什么问题，还要替下属背黑锅，面临着两面为难的境地。

老板一般只会拿结果说事，他们不想做的事会找理由推给中层去做，不想当坏人也会让中层去当。比如老板不用每天去面对基层员工，所以和基层员工的感情很一般，有基层员工犯了错，他们就会想要换更合适的人，这很正常。但作为公司的中层领导，我们却与那些和自己一起奋战的基层员工有着更加复杂的感情。

如果一名基层员工犯了错，老板只需要说一句"某某不适合岗位工作了，你去施加一些压力给他"，但作为中层领导，就要根据老板的命令采取一些措施。

而且，一个中层领导的工资，在大多时候甚至都不如一个骨干员工拿得多。即便如此，我们的事情依然少不了，上到老板的经营方针，下到员工的鸡毛蒜皮，我们必须要在中间做到游刃有余，否则稍有不慎就是两边受气。

周末，叶书宇和朋友出去聚餐，朋友跟叶书宇吐槽，说老板上个月给他的团队安排了个任务，不仅超级难做，还规定了最后的完成时间。没办法，他就带着整个团队一起加了20多天的班，直接使一个技术骨干生病了。

因为时间太紧张，为了不影响工作进度，他只好一边照顾那位技术骨干，一边让对方继续在第一战线上工作。私底下，那位技术骨干却经常和同事抱怨，说他只会假惺惺地买药给队员，其实是为了榨干下属的每一滴血，简直就是吸血鬼。

朋友说："我听到这话后非常难过，你说上面给的硬性规定我们肯定不能违抗，下属的问题也不能很好处理，搞得我两头不是人。"

都说老板不容易，所以员工要好好工作、好好对老板；都说员工不容易，所以公司要好好对待员工。但很少有声音会提到职场中的中层领导，要知道，这类人也有着各种各样的不容易。

随着社会上的新型人才不断涌入市场，来公司上班的新员工一个比一个年轻。这些人更有活力，大脑更年轻，对工作也更有激情。对此，有不少80后的中层变得非常焦虑，会害怕自己跟不上时代，或者生怕自己一个闪失就沦为失业人员。

这些人开始面临“中年危机”，会明显感觉到自己的体力跟不上从前，却还没有做到高层的位置。因为当了管理层之后，他们整天忙于琐事，提升自己的时间变得越来越少，所以形成了“往上爬太难了，退下去不甘心”的尴尬局面。

由此可见，中层领导的压力确实很大。对此，有职场咨询专家表示，身为中层领导，我们要时刻记住一点：自己是承上启下的管理者，对上不可逾越，对下也不可丧失权威。

我们需要正确地认识自己，并在自我认识的基础上进行自我塑造和改变，才能成功地发挥出自身的能力和才华。如此，才能充分调动自己的工作积极性，保证全身心地投入，才能不断地磨炼和提高自己的能力，让自己成为一个知深浅的下属和上司。

第七章 容言，从善如流显气度

1. 不做“全知全能型”领导

GE的总裁杰弗里·伊梅尔特曾说过这样一句话：“在GE，最重要的是必须成为不断学习、从失败中汲取教训的人。骄傲自满的人会重复犯同样的错误，在公司失去立足之地。以谦虚的态度时刻学习的人、坚持不懈努力的人才会成功。埋怨别人的人绝不可能获得成功。”

在这里，伊梅尔特想要强调的，就是处理“过分自信”即自负的智慧。我们因为对自身能力的自负感以及对过往业绩的骄傲等，可能会形成轻视和瞧不起人的处事方式。其结果不但无法达到预期的效果，还有可能会事与愿违，甚至为公司和个人带来巨大的损失。

拿破仑就是一位特别自命不凡的领导者，有史学家指出，入侵苏联失败，就因为拿破仑的固执和自负。

当时正值拿破仑远征苏联前夕，法军司令雷伊等人在听取相关人士的意见之后，建议拿破仑能考虑到冬季的寒冷，推迟远征计划。但拿破仑只是不耐烦地说了句“我知道了”，然后就无视了部下的忠告。

身为一个领导，自信是好事，但过度自信，往往就会带有自恋者固有的缺陷，成为自负。对此，一位知名跨国公司的CEO在回答“阻碍人们成为杰出领导人的三个最大问题”时，他的答案是：“自负，自负和自负。”而在《从优秀到卓越》一书中，作者也将企业失败的原因归于领导的自高自大。因此，我们必须重视这个问题并及时解决它，否则很可能会给整个公司带来灾难性的后果。

况且，从格局上来说，自负的领导往往会忘记公司本来的使命，甚至让原本优秀的公司去从事一些非法的活动，例如安然公司做假账，惠普、西门子、雅芳等公司在发展中国家实行贿赂……最终这些公司全部自食其果。

另外，学术研究也发现，有70%的公司并购失败的原因，很有可能在于领导的自大。比如，当一个领导正在职业的阶梯上不断上升时，随着自身的成功，他的自信也会逐渐增强，视野逐渐变得开阔，当这个人终于在公司具有一定的话语权，甚至成为顶尖的决策者时，自大和偏执就开始与他自然地结合在一起。

赵青和是某公司市场部经理，因为他的努力和自信，一度受到老板的肯定和赞扬。结果时间一长，他的自信心爆棚，总觉得自己无所不知。

他会对下属的意见评头论足，“那样对吗”“这个错了”这样的话更是经常挂在嘴边。就算是下属的观点正确，他也不会轻易认可，几乎每次都是先否定再说一句“不过也有好的地方”。而当下属对他的某些意见表示反对时，他就会变得非常生气，觉得自己的权威被冒犯。

长此以往，他的下属都知道他是个自大狂，凡事必须依着他的想法来，否则肯定会被批一顿。渐渐地，大家不再给他提任何意见，不少员工甚至因为觉得在他手下干不下去而辞职，他带领的团队业绩更是糟糕极了。

晋升中层后，有些人会逐渐生活在一个镜子大厅里，身边的人总是同意他的看法，他也总能看到自己想要看到的，听到自己想要听到的，慢慢地，这个人就会变得越来越骄傲和狂妄，即便外部的环境再如何变化，他也看不到，反而会固执地坚持以往的观点。这时，一个高效的团队，可能就要退化了。

那么，这种“全知全能”的自负型领导的特点是什么呢？对此，有专业人士总结如下。

总是在宣称：“我什么都知道，我什么都正确。”觉得“我是 NO.1”。

这类领导总觉得世上没有自己不知道的事，并觉得自己说什么都是对的。管理学家把这种心理称之为“全知全能信念”，也正是这种心理，播下了灾难的种子。例如他们总是不能耐心听完下属的话，下属才说了几句他就凭着感觉下结论：“我都知道了，不用说了。”这就是陷入“全知全能谬误”的领导的表现。即便下属提出了前所未有的新构想，他也会以“不合先例”为由对之视若无睹。

他们觉得自己无所不知，但在这种领导手下工作的下属却会这样想：“真是个自大狂，他要得意就让他自己得意去吧。”“跟他说也是徒费口舌，就算要说怎么也得找个能沟通的人吧。”

这类领导的自满程度虽然还不到“全知全能”的地步，却觉得自己在公司内至少算得上是前几了。这种心理让他们觉得，很多问题只有自己亲自出马才能圆满解决，所以就到处干涉别人的工作。比如以“培养接班人”为理由，向下属“传道授业”，并坚信自己的经验之谈对下属是非常有价值的。殊不知，下属对他这种无休止的经验重复，只会觉得厌倦。

总而言之，身为公司的领导，我们可以自信，但决不能自负。简单来说，就是我们在推进工作、成就事业时，必须保持自信，但过分自信，就会显得自高自大、目中无人，就会让我们走向成功的反面。所以，我们要时刻提醒自己：自信不可丢，自负不可取。

2. 别太固执，有针对性地调整自己的判断

说起那些成功的公司领导，很多人都会想到：这些人对自己的能力很自信，他们总是相信自己的直觉，有着“不撞南墙不回头”的信念，总是不易被说服，大多数时候，都能坚定自己的立场。但有专业人士经过调查研究后却发现，事实并非如此，正好相反，这些人都非常愿意被说服，并能有针对性地调整自己的判断，而不是固执己见。

比如，福特汽车的CEO艾伦·穆拉利，他对于自己的观点从来都会持有非常怀疑的态度；世界上最成功的对冲基金经理人之一雷·达里奥，也表示自己的团队会经常怀疑自己的想法；世界货币组织的总经理克里斯蒂娜·拉加德，则总在寻找能够颠覆自己对世界和自身信念的信息。

安雅是某公司市场一部的主管，她所在的公司每年年初都会做一次薪酬调整，调整的依据基本是上一年度的绩效考核。上一年度，安雅带领的团队业绩一般，所以在年初调整薪酬的时候，她们团队员工的薪资肯定是不会上调的。

看到下属失望的脸，安雅觉得自己应该为他们做些什么，因为大家确实很努力。她便准备做一个计划，希望上级能给团队一些鼓励，以便大家能在今后的工作中做出好的业绩。

有个下属知道她的这一计划后，直接向她表示反对，先后找了她几次。变着法地向她说明这么做不但不会达到她的目的，还可能会让事情变得更糟，比如给公司其他人造成非常不好的影响。

通过几次沟通后，安雅终于没做这件事。她觉得这名员工很有勇气和胆量，敢于制止领导有待商榷、可能存在问题的决策。

在市场竞争越来越激烈的今天，很多领导已经意识到，敏感地关注市场上的新兴动态，并持续有针对性地改变自己的观点，可以给自己带来非常明显的竞争优势。其中，很重要的一点就是，我们必须学会变通。

对此，有专家表示，拒绝固执能给我们带来的好处之一，就是可以更准确地预测未来。比如宾夕法尼亚大学的教授菲利普·泰特罗克曾对284名行业专家进行跟踪，并收集到 82361个关于未来的各种预测。结果他发现，这些预测的准确度并不在于专家已经了解了多少信息，而在于他们预测未来的方式。一般情况下，预测得更准确的人，都没有被所谓的常识局限住，而是更乐于听取不同的意见，然后有针对性地调整自己的判断。

当然，这并不代表领导就应该对每个问题都摇摆不定。甚至在某种程度上，我们更需要果断的决策，而不是不断地收集新信息。尤其是在时间紧凑，或者是手上的事情没那么重要的时候，我们完全可以相信自己的直觉，或者根据已有的信息，尽快做出好的策略。

而当我们对当前的情况还没有一个完全的了解，或者我们怀疑自己的观点的正确性时，我们就需要鼓励自己走出局限，考虑看问题的其他角度，就算这样会让自己感到不自在，也有必要先放低姿态，和持有不同意见的下属进行讨论。

闫琪琪是某公司外联部的经理，她所在的公司在初步推行绩效考核时，绩效指标的确定是个难点，因为公司当时的管理水平还很一般，有时候甚至连基本的数据抓取都很难，更别说全面的预算管理了。所以，公司各个部门对数据的概念和意识都很淡，闫琪琪也是如此。

当时闫琪琪手下有个毕业于经济管理专业的员工，对方坚定地表示：绩效指标的事情，即便再难也要做，并且要照着好的标准来做。但闫琪琪却觉得，这个并不急，如果今年做不下来那就再等一年，反正这在公司属于试行阶段，并没有强制性的要求。

两人就这个问题产生了很大的分歧，后来经过讨论后，无论是闫琪琪还是那名下属，都没有过分坚持。因此在绩效指标试行的第一年，他们只做了一部分，第二年才开始扩大。但这种持续的沟通，却让她们清楚了这项工作为什么要做、怎么做、做到什么程度等关键问题。

当我们和那些与自己观点相左的下属进行讨论时，我们可能会下意识地防御自己的观点，而忘了真正的目的。这可能是一种思想上的倾向性，让我们更倾向于非黑即白的思维模式，即这个观点要么是对的，要么是错的。但事实却是，在观点上的交流，最好的方式是双方共同妥协。

所以，我们不应该把对方看作是假想敌，或是做出防御的姿态，而是要给自己的观点设置一个“信心指数”。当我们觉得对方讲的观点让自己难以反驳时，我们就可以把自己的信心指数调低一些，如果我们有证据支持自己的观点，那就把信心指数调高。如果我们获得的证据与自己之前的观点完全相反时，那我们肯定就要改变自己的观点了。

3. 敞开胸襟倾听员工的提议

很多领导都有一意孤行的癖好，除了自己的观点和意见外，他们根本就听不进别人任何有益的进言。如果有人试图发表自己的意见，他们也经常会要求对方“闭嘴”。当部门里发生质疑的时候，那个出面发出质疑的人很有可能会被贴上“不忠”的标签，甚至被视为制造麻烦的人。

对于这种情况，有职场咨询专家表示：当我们面对下属的不同意见或提议时，最好的方法是给予肯定，不仅要鼓励勇于发表不同意见甚至是反对意见的人，还要注意倾听。而作为领导的我们，必须拥有成熟、包容的胸襟，才能接受不同的意见，同时广纳不同的观点，才是有大局观的表现。

正如前IBM总裁沃森所说的：“我从不会犹豫提升一个我不喜欢的人当官。体贴入微的助理或你喜欢带着一起去钓鱼的人对你可能是个大陷阱。我反而会去找那种尖锐、挑剔、严厉、几乎令人讨厌的人，他们才看得见，也会告诉你事情的真相。如果你身边都是这样的人，如果你有足够的耐心倾听他们的忠告，你的成就是无可限量的。”

桑顿原本是一名策划人，他曾为福特汽车提出了“神童”计划。后来他创建了桑顿企业，并让它发展成为一家大型企业。为了促进公司的发展，他坚决支持员工进行诚实率真的思考，也鼓励下属持有和自己不同的意见。

对此，桑顿特意命令每个人都要提出自己的意见。后来不仅是他，连他任命的总经理也喜欢如此。

桑顿曾有过一位总经理，对方做了一个错误的决定，桑顿把这件事告诉总经理时，对方却表示，自己是故意这样做的。“我判断员工是否忠心的标准，就是看他们是否明知错误仍去执行他的决定。而我的评估标准，是他能否会指出我的错误。”对方这样回答桑顿。

当我们在公司拥有一定的话语权，甚至“位高权重”时，为了继续保有这种权势，很多人都会选择“独裁”，决不允许在自己管辖范围内出现不同的意见。殊不知，这样的做法很容易引起职场内部的冲突，并且在争取完全掌控的过程中，即便用尽所有的力气，我们也可能无法将更多精力花费在更有效的地方。

所以，凡是有格局意识的领导，从不会让自我意识阻挡有用的建议，反而会认真倾听下属的进言，帮助自己更快、更好地开展工作。

郑康林是公司销售部的经理，他的问题就在于过度专权，每次公司有什么任务，他都是自己做好工作分配后，直接通知员工该怎么做不该怎么做。当员工终于无法忍受他这种发号施令的习惯时，他们决定“造反了”。

一天，有十几个受不了郑康林的专权跋扈、渴望自由的员工，一起走进总经理的办公室，要求道：如果郑康林继续这样，那他们就集体辞职。郑康林被这件事砸得有点懵，虽然让人很难承受，但他还是耐心听完了大家的意见。

后来，郑康林决定改变自己，让大家在维持过去管理架构不变的情况下，能够踊跃发言。比如他每周至少会召集下属开个小会议，哪怕再忙，他也会抽空听取他们的意见。结果他发现，并不是每项工作都需要经过他的拍板才能进行，不少员工的想法都是非常有用的。而在他改变方式一年后，销售部的利润比上一年增加了10万元。

由此可见，敞开胸襟倾听下属的提议，是非常有必要的。在这个过程中，我们一方面需要积极培养出一种和谐的工作气氛，除了接受不同的意见之外，还要广纳多元化的观点。另一方面还要坚持把关，避免随波逐流，真心诚意达成内部的决议。

有些领导虽然有机会听取下属的意见，但往往都没有好好加以利用。比如有一家十分成功的人寿保险公司的代理商就表示，自己的公司总是会忽视地方代表所提供的意见。“每次我提出一个有关交易的想法时，公司的行销人员就会说：‘你只需注意销售，公司的交易办法就让我们来操心吧。’”

结果，这家保险公司的短视，不仅使自己失去了聆听建议的机会，还打击了销售部门的士气。所以说，不能有效倾听下属的意见是领导的重大疏忽，这种领导也是没有大局观的。幸运的是，当我们知道倾听的重要性并开始认真倾听下属的建议时，我们就能从中获得很多有利于开展工作的方法。

4. 听得进下属的反对意见

工作中，领导和下属之间总会产生一些不同的认识和看法，甚至存在一些相反的观点，这都是十分正常的。但当下属提出不同的意见时，我们一定要反驳回去吗？事实上，如果领导真的这么做了，就等于堵住了下属的嘴巴，不让对方发出与自己不同的声音。下属可能就会觉得：“领导不让我们讲话”“我们只有干活的义务，没有说话的权利”……

所谓“防民之口，甚于防川”。如果我们因为害怕听到反对意见，就堵住下属的嘴巴，那只会培养出一群只会阿谀奉承、顺毛摸驴的下属。而那些真正敢于说真话、愿意提意见的下属，只会对我们敬而远之。

在一次会议上，新员工张敬轩对经理的工作安排有不同的意见，便站起来说：“抱歉，经理，我觉得不是这样的。”当时经理的脸都黑了，他心里想着：“不过是个新人，什么也不懂，竟然就敢站起来反对我，真是不知所以。”

但为了不破坏自己的形象，他象征性地表示自己知道了，希望会议结束后再讨论这个问题。张敬轩满怀激动地等待着和经理做一些工作上的讨论，但经理好像忘记了这件事一样，并没有找过他。不仅如此，张敬轩还觉得经理好像总是为难他，这让他觉得有些摸不着头脑。

后来，张敬轩无意中听到同事的议论，说他“真是‘初生牛犊不怕虎’，整个办公室都知道经理固执的性格，谁要是敢提什么意见绝对会给他穿小鞋，这个新人竟然直接站起来表示反对，真是年轻啊”。

听到这样的话，张敬轩好像明白了些什么，他思索良久，然后向公司递交了辞呈。

就因为有些领导对“不同意见”有着错误的认知，把下属的“反对意见”当成“反己意见”，所以，当有人提出反对意见时，就会认为下属很狂妄，是在反对自己、否定自己，是在挑战自己的权威，意图和自己过不去。于是马上对下属采取敌视的态度，而不会理智、客观地分析对方的意见。

长此以往，领导再也听不到下属的不同意见了。表面上看来，领导与下属之间似乎只有一个声音，上下一片和谐。但实际上，下属早已对领导感到失望了。可以说，打击下属积极献计献策的罪魁祸首，就是领导对下属的意见缺少欣赏、包容和认可的态度。所以，想要让下属提意见，那么首先要包容提意见的人，愿意听对方说话。

比尔·盖茨经常鼓励员工畅所欲言，对公司的发展、存在的问题，甚至上司的缺点，都可以提出批评、建议或提案。

在1995年，当比尔·盖茨宣布微软不会涉足Internet领域产品的时候，就有很多员工提出了反对意见。甚至有几位员工直接给比尔·盖茨发信件说：“你这是一个错误的决定。”

当比尔·盖茨发现有许多员工都持反对意见，其中有一些还是他尊敬的人时，他又用了很多的时间来与这些员工见面，最后写了一篇名为《互联网浪潮》的文章，承认了自己的过错，最终扭转了公司的发展方向。

与此同时，他还把许多优秀的员工都调到了Internet部门，为了把一些资源调入Internet部门，他甚至取消或削减了许多产品。而那些批评比尔·盖茨的人不但没有受到处分，还得到了重用，成了公司重要部门的领导。

微软的员工之所以敢提出反对意见，并不只是因为勇敢，更因为他们知道，领导会重视自己的意见，自己也不会因为提出反对意见而受到伤害。

当然，有些员工不提意见并不仅仅是因为这一个原因。比如有些人可能会抱着“多一事不如少一事”的态度，想着自己的建议如果对了还好，一旦错了，势必会遭到同事和领导的议论，甚至是指责。在他们看来，冒着这样的风险是不值得的。

如此，领导不仅要听得进下属的反对意见，还需要想办法让那些不愿意开口的下属主动提出一些建设性的意见。为此，我们可以制定一些规则，比如有人在讨论会上保持沉默时，很可能就表示他抱有反对意见，这时上司就要让下属意识到，自己必须发表意见。或者是每个议题讨论结束后，领导可以花些时间向每个下属确认，他们同意这个结论并承诺愿意遵从。

当下属在讨论中能够提出自己的问题，并提供相应的意见后，领导再对其进行深入地了解，才能让下属真正认同这项工作，并准确执行。

5. 有人在背后说你坏话，一笑置之

身为领导，我们既要有识人之才、容人之量，还要有容人之“言”的气度和胸襟。比如发现有下属在背后说自己坏话时，心里肯定会感到不舒服，想到自己整日操心操累，却没有得到半句感激，觉得委屈极了。其实，面对这种情况，我们不妨一笑置之。

下班时，外联部的主管发现有个同事的电脑没关，便准备帮对方关掉。上面挂着的QQ还没有下线，他正好看到了里面的聊天记录，有很多说自己坏话的内容。

比如：“我们主管真是‘事儿妈’，整天就知道叽叽歪歪没事找事。”“真是抠门，不过多用了几张纸，又不是他家的东西，说什么浪费。”“就是，几张纸就能让公司破产不成”……

刚看到时，他觉得挺不可思议的，想想自己平时还算是个很随和的领导，也从来没把下属当外人，处处为他们考虑，结果他们竟然在背后说这种话。随后他又想到“谁人背后无人说”，这不过是对方的几句抱怨罢了，也没什么，这两个员工平时还是挺努力的。

然后他继续帮助对方关机，还写了个“下班后请随时关电脑”的便签贴在电脑旁边，才离开办公室。

工作中，我们要想在中层领导的位置上立足或者更进一步，就应该有点雅量和气度。面对别人的称赞，点头致谢；而面对别人的指责时，对则虚心接受，错则一笑了之，没什么大不了的。这是一种修炼和境界，能有效体现出一个人学识和修养，让我们能更显得有气度和潇洒。

更何况，在我们的工作中，并不是每个下属都是“省心”的，总有那么几个性格好胜，会为了自己的利益等原因，对自己的领导“挑三拣四”，稍有不顺四处造谣说自己的领导如何如何的。

面对这种情况，有些领导可能恨不得让这个人声名狼藉，甚至会暗中给对

方“穿小鞋”，最好能让对方离开公司。有些领导则会一笑置之，或者根据对方的言论，不断提高对自己的要求，不断学习、改进并完善自己。

白舒然是某公司的销售经理，在一次公司年会上，一个平日和白舒然总是不对付的下属跟不少同事说了他的坏话。当白舒然站在对方身后听他“高谈阔论”的时候，那人还没有觉察，仍在滔滔不绝地数落白舒然。身边的一些同事觉得很尴尬，也担心白舒然会忍耐不住，对那个人当面加以指责，让这个场面变成舌战的阵地。

但白舒然的表情一直很平静，甚至嘴角还挂着微笑，尤其当他听到对方说“连多点几下鼠标都会被说”时，他还微微地点点头，表示赞同一般。等到那个员工发现白舒然站在那里时，才一时卡壳，悻悻地闭上了嘴巴。白舒然像没听到对方说自己的坏话似的，依然像往常一样跟对方点头打招呼。

第二天，那个说白舒然坏话的人主动走进白舒然的办公室，再三向他表示歉意，并感谢他昨天没有在那么多人面前给自己难堪。后来，这个人成为了白舒然的副手，两人在工作上相互支持，当白舒然升职后，该员工则接替了白舒然的工作，成为了新的销售经理。

如果领导因为下属的几句坏话，就恨不得把对方除之而后快，那弄到最后，很可能会落得个鱼死网破、老死不相往来的地步。但如果领导能主动向对手示好，并能拿出诚意去面对这个人，那么双方就有机会进一步交流，甚至赢得对方的支持和友谊。

当我们能够以如此积极的态度，去看待那些在背后说自己坏话的下属时，那我们很容易就能在公司中获得同事的尊重，甚至还会赢得老板的赏识。如此，才是一个具有大格局的领导！

所以，对那些说自己坏话的下属施以宽容，对那些坏话也一笑置之，真心对待别人，就会换来别人的真心。当我们能积极主动地去了解下属，真诚大方地与下属和谐相处，让他们成为我们的朋友，对方才会随我们在职场中“披荆斩棘”。

6. 要有“闻过则喜”的胸怀

一个领导如果可以“闻过”，能够正确看待别人对自己指出的过错，说明这个人是有胸怀的。但这还达不到“闻过则喜”的境界，有不少人可以做到“闻过”，可“闻过”后无动于衷却很难。而能做到“闻过则喜”的人，才是具有极其宽广的胸怀的人，才具有大格局。

毕竟人无完人，在工作和职业发展的道路上，出现过错或不足在所难免，其关键在于如何去面对问题、发现问题以及解决问题。遇到问题是绕着走，还是直面难题想方设法去破解，直接考验着我们的修养与胆识、工作的能力与水平。正因为如此，我们更需要在工作时善于听取意见，敢于自我批评，放下“面子”，方能赢得主动。

在一次公司会议上，一名新员工给担任市场部经理的杨俊辉提意见，说他总是坐在自己的办公室里吸烟，有时候烟味从门缝里飘出来，搞得办公室非常呛人。

这个员工不知道，其实杨俊辉不会吸烟，那个经常在办公室吸烟的人，应该是他的副手。但杨俊辉依然表示：“虽然烟不是我吸的，但吸烟的人是在我的办公室，而我却没有阻止，是我的错。”

之后，杨俊辉还就此事对自己和副手做了口头批评并交纳了100元现金的罚款，这个副手也做了深刻的检讨，表示以后吸烟会到专门的吸烟区。看到经理这般闻过则喜的行为，那个提出意见的新员工也觉得很不好意思，特意向他道了歉。

工作中，有些领导在听到下属的意见后，心里总觉得不高兴。轻则把不悦呈现在脸上，重则可能直接拍案而起，甚至给对方“穿小鞋”。其结果是，一些善于投机取巧的下属就开始说一些无关痛痒的套话、假话。有的下属甚至摸透了领导喜欢阿谀奉承的口味，专门在对方面前大唱赞歌。

时间一长，我们可能就再也听不到下属的意见或建议，反而养成固步自封、我行我素的不良作风。殊不知，身为中层领导，敢于提意见很重要，而乐于听取意见则更重要，因为在很多时候，听取意见是提出意见的基础。如果说敢于提意见是一种胆量的话，那么允许别人提出意见，并乐于听取对方的意见，是一种肚量和雅量。

古人言："君明则臣直。"员工在面对不同的领导时，做出的反应也不尽相同，其关键在于领导有没有大格局，愿不愿意听下属说话。

裴矩是一个奇特的人，他的奇特不仅表现在他的文才和能力上，更奇特的是，他先谄媚逢迎于隋炀帝，为杨广出了许多祸国殃民的坏主意，降唐后又成为唐太宗的重要谏臣，成为李世民的忠直良臣。被世人称为"隋末之佞臣，唐初之贤臣"。

他曾向隋炀帝建议在东都洛阳举行元宵庆典，向戎狄展示国家的繁荣富强。然后就把全国数万名艺人召集到洛阳汇演，整日丝竹喧嚣、灯火辉煌，闹腾了整整一个月，耗费惊人。后来为了帮助隋炀帝成就"四夷宾服、万邦来朝"的梦想，他不顾国内民变频起的局势，支持对高丽发动战争，结果三次出兵过百万，却无功而返，严重消耗国力，动摇国本。

但就是这样一个人，被李渊父子重用后，却变得恪尽职守、秉公办事。在唐太宗即位之初，他甚至能诤言直谏，敢于为皇帝纠正错误。

只要我们愿意听取下属的意见，就能获得进步。而这个意见有"使人笑起来"的，也有"让人蹦起来"的，甚至还有"伤人六月寒"的。意见也许不一定悦耳，但确实是"利于行"的。

而在这个过程中，我们要有敢于听取意见的勇气，并以虚怀若谷的谦逊态度、闻过则喜的坦荡胸襟来对待批评。即便对方说得不准确，但只要不是恶意攻击，我们就应该坦然相待，有则改之，无则加勉。

总而言之，"观于明镜，则瑕疵不滞于躯；听于直言，则过行不累乎身"。身为公司的员工，尤其是身处领导阶层的员工，我们就应该把批评和自我批评当作一种习惯，抛开"丢面子、损尊严"的错误想法，做到愿意听取意见、听得进意见，期望有揭短亮丑的真批评、红脸出汗的实效果，最后达到检身正己的目的。

7. 有虚心向下属求教的雅量

工作中，领导在下属面前基本都是以前辈的身份出现，双方交流时大多也是居高临下的。即便是平易近人的领导，在谈话中也会占据主动性，下属只要接收领导交代的内容即可。在这种条件下，如果让领导放下姿态向下属求教，很多人心里都是抗拒的，会觉得向下属请教自己不懂的问题，是一件非常丢脸的事情。

事实真是这样吗？这个未必。虚心向下属请教，其实是一种高明的“攻心术”，能让下属感觉到领导对自己的尊重，是一种具有大格局的表现。况且，当我们带着诚意向下属求教时，对方也会因为求教的人是自己的上级而感到自豪，从而引发一种满足感，工作也会变得更加积极。

安溪是某公司的中层领导，他坦言自己绝不会向下属请教。“问他们还不如自己解决，他们嘴上不说心里肯定会瞧不起我的！”安溪言之凿凿，朋友却表示他有点过虑了。为了验证彼此观点的对错，两人决定试一试。

在朋友的“撺掇”之下，安溪开始跟自己的下属交流一些工作心得。当他和下属的话题越来越多，逐渐受到下属欢迎时，朋友建议安溪趁热打铁，不妨将工作中遇到的难题也向下属请教一二。

当时，安溪公司的合作方正好从国外发来一些加密文件，以前负责这块的员工恰好又离职了。所以，外文不好又不会文件解密的安溪，只好向下属求助，在连续加班两个晚上后，这个难题终于被大家一起攻克了。

事后，安溪婉转地向对方打听，是否觉得自己这样有失颜面。下属却表示：“明明是个中层领导，却愿意和下属一起研究处理外语加密文件的问题，真是有冲劲、有担当，不甘落伍。”这话让安溪心里美滋滋的。后来，安溪开始经常性地向下属求教，这样一来，下属和他的关系越来越融洽了。

有些领导经常会存在不同程度的“领导高明论”，觉得领导就应该在各方面都比下属强，如果向对方求教会有失身份，会给人一种“领导还不如下属”的感觉。其实，这是一种非常不正确的认识。领导应该比下属强，主要是指在管理方面或是总体上，但这并不代表领导在任何地方都比下属强。

要知道，领导固然有自己的长处，但下属也绝不是一无是处的，甚至下属在某些方面强于上级也是正常的事情。所谓“弟子不必不如师”“青出于蓝而胜于蓝”，说的就是这个道理。

况且，当领导能放下身段去向下属请教时，对方是会感到很满足并且有自尊的。所以，他们会很乐意告诉领导自己所知道的事情，如果这能换来领导的一句“托你的福，终于知道了，太有帮助了，谢谢你啦”这样的道谢，那他们的心情将会好到最高点。愿意请下属帮忙的领导，不仅可以获得许多资讯，还可以有效激励下属，可谓一举两得。

而在一般情况下，当我们遇到以下几种情况时，都可以向下属“不耻下问”。

虚心向下属请教自己不懂的东西

不懂就是不懂，如果不懂装懂，很容易弄出笑话，到时候就真的“没脸”了。尤其在现代职场中，有很多新情况、新问题都需要领导者去解决，也有很多新知识需要领导者去学习和掌握。而领导又不可能十八般武艺样样精通，这个时候，借助下属的力量不失为一个良策。因此，当我们遇到不懂的东西时，除自己刻苦学习外，还要虚心向下属或内行人请教，这样很多问题就会迎刃而解了。

自己觉得正确的时候也可以向下属请教

有些领导在觉得自己“吃不准”“没把握”的时候，主动向下属求教是容易做到的；但当他认为自己正确的时候，如果仍然向下属请教，就不那么容易了。事实上，当我们在自认为正确、觉得不需要征询下属意见的时候，往往很容易做出错误或片面的决定，如果事先没有做调查研究，只凭着自己的经验或感觉行事，那做出错误决定的可能性就更大了。

越是碰到难题越该向下属请教

在工作中碰到棘手的问题是常有的事，这种时候，有的领导就会片面地认为，向下属请教一般问题可能会有所收获，但向下属请教重大问题的话，收获肯定不大，有的领导甚至担心这是在浪费时间，贻误工作进程。

领导之所以会产生这种认识，其根源还是因为我们把下属都看作平庸之辈，觉得对方不如自己。然而，越是有困难的时候，我们越需要得到下属的大力支持和通力合作。而领导越是在关键时刻和重大问题上，及时、虚心地向下属请教，下属往往会表现出空前的热情和干劲，会想方设法为我们排忧解难。即便不能帮上大忙，但同舟共济、患难与共的种子也已经深埋在下属的心里，这对协调好上下级的关系是非常有利的。

8. 给抱怨者提供一个正式而完善的申诉渠道

都说“人生不如意之事十有八九”，职场也是如此。面对工作中的种种不如意，员工发发牢骚、吐吐苦水，这并没有什么大不了的。但对于员工的抱怨，领导如果不能为其提供一个适当的平台或渠道，供其宣泄，久而久之，很容易成为影响员工士气的隐患，最后甚至会影响到公司运作和绩效。

尤其是那些需要和客户面对面接触的服务业，其员工不仅要在外面面对客户的各种要求，在公司里还要面对复杂的职场体制和人际关系，心里难免衍生出诸多抱怨。这个时候，领导对下属的情绪管理就显得尤为重要。

林文清是某公司外联部的主管，因为这个部门需要随时跟进客户，而在这个过程中，遇到一些“奇葩”客户也是很正常的。但手下的员工却经常被这些客户搞得手忙脚乱、气急败坏。每当这个时候，大家就会三五成群地坐在一起，抱怨自己如何倒霉、如何不幸。

看到这种情况，林文清觉得这不是办法，毕竟当办公室长期处于一种负面情绪时，对工作是非常不利的。为了改变这种情况，他特意建了个微信群，让大家能在里面畅所欲言。比如今天遇到了一个“脑回路有问题”的客户、公司的电脑太卡了、我办公桌下面的抽屉坏了……凡是在工作中遇到的烦恼，都可以在上面“唠唠”。

而林文清则隔三岔五看看上面的信息，如果对方抱怨得合理，他一般都会做出承诺并尽快履行；如果不合理，就直接不搭理；严重的话，才会叫到办公室聊聊天。如此几个月后，办公室的氛围明显好了起来。

身为领导，如果不能及时处理下属的抱怨，让员工即便有再多的抱怨也无处宣泄，最后极有可能挤压成许多不愉快的事件。所以，我们需要重视下属的情绪管理，最好能形成“开放门户政策”，让办公室养成上下级能面对面沟通的风气。

除此之外，员工的抱怨还有可能是来自同事或领导。而在处理像这类事情时，领导都需要扮演好两个角色——协调者和咨询者。因为我们需要先求证下属抱怨的事实，然后再担任双方的咨询者，为其提供解决的方法。

在这个过程中，我们最好能认真了解抱怨的起因。要知道，“无风不起浪”，任何抱怨都是有原因的。而我们除了要从抱怨者口中了解事件的原委之外，还应该听听其他员工的意见。在整个事情还没有完全了解清楚之前，我们不应该发表任何言论。因为过早地表明自己的态度，很可能会让事情变得更糟。事情处理好之后，也不要忘了执行效果，以防最终效果没有达到自己意想之中那么完美。

在处理下属的抱怨时，领导应该对其有一定的认识。比如不要流于口舌之争，而要寻求解决方法，还要有接受下属抱怨的胸襟，这才是有大格局的体现。

麦当劳曾为了让下属有正当渠道可以宣泄自己的意见和抱怨，想了许多办法。比如每年一次的不记名“员工满意度调查”，就是为了让各分店、各门市的员工，对其业务和主管发表自己的看法和意见。

不仅如此，麦当劳各分店还都设置了“同仁意见箱”。员工对公司的政策、运营程序等方面有好或不好的意见时，或者是想要申诉、有新点子等问题时，都可以向领导投递已经支付过邮资的意见卡。

但麦当劳解决员工抱怨的秘密武器，却是不定期的绩效考核。这项考核需要员工和部门主管共同参加，为员工评定绩效。开始由员工根据自己的表现自评绩效，给自己打分。与此同时，还需要请直属主管为其评定分数。借这个机会，员工可以和他的主管进行交流，听听对方对自己的表现有什么看法，如果有什么意见，也能及时提出来与主管进行沟通。

而员工如果有什么严重的抱怨，麦当劳还会针对事件中特定的对象或是目的，举行“临时座谈会”，直接越过该员工的直属主管，由第三方来收集员工与主管双方的不满意见，并予以调停。

总而言之，给员工提供一个正式且完善的抱怨申诉渠道，是领导者的责任。这个渠道不仅能帮助我们正视许多员工所发现的管理问题，还能有效平复员工的不良情绪，从而提升员工的工作效率。所以，我们决不能一味压抑员工的牢骚，轻视对方的意见。

9. 永远有“本领恐慌”的紧迫感

这是一个知识爆炸的时代，随着科学技术的日新月异，知识更新不断加快，各种新知识、新事物更是层出不穷，以至于我们所掌握知识的“保质期”越来越短，其“折旧率”也越来越高，产生“本领恐慌”的可能性，以及由此所带来的压迫感和危机感也越来越大。

正因为如此，我们无论从事何种职业，都将不同程度地面临“本领恐慌”的问题，也迫切需要克服“本领恐慌”带来的危机。

崇拜狼性文化的华为，在其整个企业文化中，都充斥着弱肉强食、优胜劣汰的基因。也就是依靠着华为人的拼命苦干和公司对自己的狠劲，华为才成了世界级的先进通讯设备制造企业。

比如华为对34岁的员工实行的“一刀切”政策，处于这个年龄段的员工，除非是特别重要的领导岗位和技术岗位，如果对方不愿意去国外轮岗的话，将面临被公司劝退的危险。

其实在大多数时候，我们的职业生涯发展，就好像在爬山，爬上山顶之前确实辛苦，到达山顶之时也确实风光无限，与此同时也会有个下山的过程。比如那些在职场中耗费半生的中层领导，他们显然已经过了职业生涯的黄金时期，所以更需要对自身职业发展的期望值做出合理的调整。让自己的劣势变得不那么明显，突出自己的优点，才能盘活个人的职场竞争力。

在这个过程中，我们应该摆正自己的位置，认清资历和年龄并不等同于高薪高职的现实。当我们能够用空杯心态来面对自己的工作，清零过往的成功，胸怀大度，放下我们的戒心和包袱，坦然地与公司的新生力量一起为公司的发展不懈努力，定然能为自己的职业发展增光添彩。

与此同时，我们也要放眼长远，从大格局出发，充分评估所在行业的发展前景、公司的实力以及发展现状，做出科学的规划，并及时调整自己的步伐与节奏。这样不仅能帮助我们减少被淘汰的危险，还能有效化解遭遇职场“本领恐慌”时手足无措的风险。

年近40岁的刘军种烟已有五六年的时间了，他现在承包了将近200亩地种烟，年纯收入近30万，成了发家致富的典型。

他原本并不是做这个的，大学毕业后，他和许多人一样留在了城市，用三四年的时间坐上了公司经理的位置。但他却觉得自己的内心越来越不踏实，因为他大学学的是农业生产类的专业，能留在公司并获得升职，完全是依靠个人的摸索和努力。但随着公司的发展，专业类院校毕业的新人比他更有竞争力。

思考良久之后，他决定回乡“土里刨金”，在自己熟悉的领域里做事。当然，他的种烟之路也不是一帆风顺。

最初，因为不懂种烟技术、缺乏管理知识，他也曾一度对种烟产生恐慌心理。但他并没有气馁，而是拿出高考时的状态，夜以继日地刻苦钻研，这才逐渐掌握了种烟技术和管理理论，并在实践中加以运用。就这样，他硬是在短短几年的时间里，克服了“本领恐慌”，从一个种烟的“门外汉”蜕变为“百事通”。

成功学大师拿破仑·希尔曾说过：“恐慌是人的天性之一，例如心理恐慌、情感恐慌、经济恐慌等，但这些恐慌可以归结为一种恐慌，那就是‘本领恐慌’。”而在如今这个“学习速度小于变化速度等于死亡”的学习型时代，我们每个人的立足之本，就是自己的知识和能力。

有些人在日复一日的乏味工作中，可能已经将增长知识的意识消磨殆尽，对知识的渴求和向往也逐渐弱化。当这些人没有了知识的供养后，势必就会出现“本领恐慌”。因此，我们必须增强学习的紧迫感，心中时刻有“恐慌”意识，督促自己不断学习和成长，才能真正战胜“本领恐慌”。

况且，学习是我们成长过程中的“加油站”，是我们增长本领的主渠道。当我们树立不断学习、终身学习的观念，并通过学习掌握扎实的本领之后，才能更快地实现自己的理想。

下　篇

老板，先有大格局后有大事业

第八章　大抱负，不忘初心坚持梦想

1. 改变世界的不是科技而是梦想

2015年3月，马云在德国汉诺威IT博览会的开幕式上演讲：改变世界的不是科技，是梦想！“如果是科技改变了世界，我不会在这儿，我没有被训练成一个科技专家，我对电脑一无所知，我对互联网也了解得不多。但是我有一个强大的梦想，我要帮助中小企业。”他说，他带着这样的梦想，才走到今天的位置。这就是梦想的力量！

有三个人在工地上砌墙，有人走过去问他们在干什么？第一个人没好气说：“你没看见吗？在砌墙。”第二个人笑笑说：“我们在盖一幢高楼。”第三个人则笑容满面地回答：“我们正在建一座新城市。”

10年过去了，第一个人仍然在砌墙，第二个人成了工程师，而第三个人则成为了前两个人的老板。

所谓“心有多大，梦想就有多大；格局有多大，成功就有多大”。之所以发生“不同人不同命”的结局，不过是局限于一个人格局的大小。有大格局的人，能够体验到“会当凌绝顶，一览众山小”的喜悦；而一个格局小的人，却只能发出“瞻题蕴精奥，守位重仔肩”的感慨。所以，我们要想取得成功，就不能只一味羡慕别人的成就，而是要懂得为自己确立一个具有大格局的梦想。

梦想对于老板来说是什么？是一种动力，是一种精神，是一种坚持不懈的支撑力。苹果教父乔布斯说过这样的话：“活着就为了改变世界，不然还能为了什么呢？”乔布斯自苹果诞生之日就有改变世界的梦想，让人尊敬的是他最终实现了。所以，老板首先要有一个梦想，哪怕这个梦想很不切实际，但只要我们对这个梦想有信心，并能长久地坚持下去，就有实现梦想的可能。

比如著名影星英格丽·褒曼曾说过：“人因梦想而伟大。”她在年少时就想成为戏剧演员，并为此准备了很多年，最终在好莱坞证明了自己。而梦想对于老板来说也是如此，人因有了梦想而变得伟大，一个公司也会因为老板的梦想而变得更有价值，会因梦想而变得更有长久的创新力。

再看看那些失败的企业，大多都是因为老板从成立企业那一天起，就不曾想过自己将来的落脚点在哪里，不知道自己真正该做些什么。因为没有梦想，所以只能像无头苍蝇一样四处乱飞，毫无目的。

小米科技创始人雷军在大学时成绩优异，比如他在大一时写的 PASCAL 程序，就被老师选作了下一版教材的示范程序。那时，他就有了一个创办一流公司的梦想。

为此，他大学还没毕业就跟同学尝试创办了家小公司，毕业后又直接进入当时最著名的金山软件公司。在金山，雷军的目的并不是简单地打工，而是为了积累经验。他带领自己的团队成功推出了我们熟悉的金山快译、画王、毒霸、单机游戏、网游等软件。

当金山在 2007 年成功上市后，雷军却做了一个令人惊讶的决定：辞去金山 CEO 的职位。雷军说：“这是我真正人生梦想舞台的开始。”离开金山的雷军先是进入了投资领域，进行了多次成功的商业投资，随后创办了小米科技，以小米手机横扫中国，并成功迈入国际。

在一次采访中，雷军说：“我 18 岁时就有个理想，世界因我而不同，今天我是不是还坚持这个理想？是不是还想做一个与众不同的人？我特意查了一下，柳传志是 40 岁创业，任正非是 43 岁创业，我觉得我 40 岁重新开始也没有什么了不起的。”

潘石屹在为《企业游戏》所做的序中这样写道：“中国的‘联想’用12.5亿美元收购了IBM的PC，舆论哗然。看大部分的议论，都说‘联想’犯傻……但是，我想柳传志和杨元庆在收购时除了简单的算账之外，一定还有一个梦想，梦想也是他们下决心的原因之一。作为一个企业家，一定要有梦想，有了梦想，我们的生活才丰富，我们的企业才丰富……健康人的梦想，是一个人和一个企业成功的前提。梦想会给我们成功的力量。”

2. 优秀的领导都是造梦高手

作为公司的老板，必须为自己的公司造梦，只有塑造了一个共同的梦想，才能凝聚一批人才。要达到这一目的，不仅需要有员工的努力，还需要我们为他们“造梦”。这就意味着，我们必须得是一个造梦大师。

约翰·斯卡利在加盟苹果公司之前，曾是百事可乐公司的CEO。而他之所以被当时才20岁出头、默默无闻的乔布斯说服，其中一个非常重要的原因，就是因为乔布斯是个优秀的“造梦高手”。

当时，乔布斯对约翰·斯卡利说了一句直到现在还被人们认为是商业史上最具煽动力的话：“你想卖一辈子汽水，还是改变世界？”

这句话让斯卡利烦恼了好几天，因为它直接切中了斯卡利的要害。也正是这一句具有煽动力的话，让斯卡利最终决定接受乔布斯的邀请。他说：“如果不接受的话，那么，我会在下半生不断思考我是否真的做出了错误的决定。”

这就是梦想的魅力。所以，优秀的领导必须敢于造梦、善于造梦，并且乐于造梦。

另外，造梦和激励的本质就像火炬传递者一样，帮助员工点燃心中的梦想之火，让员工对未来美好的前景充满幻想和憧憬，激励他们不断地向着目标前进，不管前方遇到什么挫折，让员工觉得这只是小插曲，只要努力，很快就会过去，一定可以达到理想的目标。

比如马云曾在一次创业动员会上表示：阿里巴巴要持续发展80年；成为全球十大网站之一；只要是商人，就一定要用阿里巴巴。

其他两点先不说，就说80年这个时间。要知道，根据有关部门统计，世界500强的企业平均寿命为40岁，1970年世界500强企业到1980年初就有三分之一破产。跨国公司平均寿命为12岁，中国企业平均寿命为7.5岁，中国民营企业平均寿命只有2.9岁。

而马云却希望阿里巴巴能持续发展80年。“80年”这个数字是马云一拍脑袋想起来的，因为当时很多互联网企业做8个月就跑了，马云表示：“我们要做80年的企业，反正你们待多久我不担心，我肯定要办80年。所以很多人，为了上市而来的人，他就撤出去了。所以提出80年就是要让那些心浮气躁的人离开。”

在阿里巴巴5周年庆的时候，马云又提出了一个新的目标：“阿里巴巴要做102年的公司，诞生于20世纪最后一年的阿里巴巴，如果做满102年，那么它将横跨三个世纪，阿里巴巴必将是中国最伟大的公司之一。”

马云解释说：“至于你能走多远，第一天的梦想很重要，阿里巴巴第一天出来就是要走80年。现在我们又有明确的目标出来，要做102年。20世纪我们活了一年，这个世纪我想活100年，下个世纪我们再活一年。在102年之前任何一个时间我失败，就是我没有成功。”

“你能走多远，第一天的梦想很重要。”马云的这句话对创业者们特别有意义。眼光远才能走得远，格局大才能走得宽，这是一个不争的事实。毕竟在创业的路上，我们不会只碰到竞争对手，还有很多公司因为自身问题而衰落。其中，远见和格局是一个很大的因素。眼光短浅的老板，就只看得见面前的利益，并做出一些短时赢利却损害长远的事情。

像那些试图“捞一笔钱”就走的老板，这样的思想肯定会直接影响到下面的员工，他们就会想：“既然老板都是捞钱的，自己又干吗努力呢？”如此，这个公司又怎么可能有长久的未来？

对此，德国著名社会学家马克思·韦伯曾经阐述过“魅力型领导”。他表示：那些致力于构建共同远景、发现或创造机会，并努力增强下属进行自我管理愿望的领导，才会把员工的热情激发出来。由此可见，一个公司的领导者不仅要有一个超越现状的梦想，还要有阐述这种梦想的能力。在这个过程中，领导者要学会用简单易懂的话语跟下属阐述明了，紧扣下属的需要，这样才能进行有效的激励。

比如马云想要打造一家立足百年的、来自中国的世界性企业，当他确定了这一梦想后，不仅很好地把握住这一点，还不断地把这个梦想传输给员工们。

总而言之，所有优秀企业成长的背后，都有一股经久不衰的推动力，这股推动力就是员工以及社会、投资者等对于该企业清晰的认识，一个美好的梦想能够激发人们内心的感召力量，迈稳企业的步伐。这种优秀的愿景一般有四点：

一、可以实现，又不是轻易能实现的，能体现企业长期追求的目标和梦想；

二、企业绝大多数成员认同并付诸行动；

三、有鲜明的行业和企业个性特征；

四、和企业战略保持一致，是企业战略的哲学思考和精神导航。

当一个公司具备以上四点的时候，就表示它做好了“打持久战”的准备，直到成功的那一刻。

3. 小虾米一定要有个鲨鱼梦

作为茫茫人海中的沧海一粟，我们可能什么也不是，什么也没有，什么也改变不了。但即便我们只是一只小虾米，也不妨碍我们拥有一个鲨鱼梦，成为像鲨鱼一样的大人物。因为梦想可以让我们变得与众不同，无所畏惧。

英昌安是山东省费县马庄镇人，年近40岁的他，在市区开了家20平方米大小的水饺店。因为店小，所以采购、厨师、服务员都是他一人。他的文化程度虽然不高，但非常喜欢看书，当他在2008年接触到郎咸平的经济理论后，便豁然开朗，并把“建立一个享誉全国的水饺直销店”当成自己的奋斗目标。

对此，他这样说：“虽然一个大老爷们包水饺卖并不是太风光，可这个成本小，很适合我的现状。我相信凭我的诚信经营，再加上郎咸平经济理论的指导，我一定能将水饺店做大做强。”

当然，做生意肯定不是一帆风顺的，英昌安也经历过别人的嘲笑，觉得他在异想天开。但他总是一笑置之，在他看来，人就应该有梦想，而且要为梦想而活。“我现在做的事情虽小，但也是在实现梦想的路上，不管结果如何，只要努力过，就不后悔。”

由此可见，“小”老板也要有个大梦想，否则就有可能一直是一个默默无闻的小人物。

就像马云，他在成功之前，曾说过许多让人觉得“狂妄”的话。比如：“我们要做一家让中国人骄傲的公司！我们要做一个我们一辈子都不会后悔的公司！”“我要带领中国进入互联网时代，而我的商业对商业网站，会是全球每年6.8兆亿进出口零售额主要入门网络。”当时所有人都觉得他疯了。

但是，当他以“凸出的颧骨，卷曲的头发，淘气的露齿笑，一副5英尺高、100磅重的顽童样”出现在2000年7月的《福布斯》杂志封面上时，整个世界都被曾经那只小虾米的庞大的梦想打动了。

小人物力争上游，小虾米要有鲨鱼梦。现在再看马云，除了他那令人震惊的财富之外，另一个让人感受颇深的就是，他一直不忘初心、坚持梦想，有一种大格局的心态。即使过程中有困难和痛苦，但因为有梦，所以一切都值得期待和努力。

26岁以前，周勇涛还是个普通得不能再普通的老百姓，一直在工厂打工，每天守着自己的一亩三分地过日子。偶尔跟朋友喝酒闲聊，总听他们说今年将怎么样怎么样，他却没什么感觉，认为有钱没钱还不都是那样过。

直到他的孩子出生，他觉得自己必须去做一件有“钱途”的事，给孩子攒奶粉钱。于是便跟家里商量，决定走做生意的道路，他开始摆摊，卖各种杂货。经过了一段找地点、躲城管的日子后，他盘下一个店面，开了个小卖部。

小卖部慢慢变成超市，现在孩子的奶粉钱不用愁了，但送孩子上学、给老人养老、日常开销什么的，到处都要用钱。他又觉得自己该更大胆些，比如开个全国连锁店什么的。

就这样，当孩子上五年级的时候，周勇涛的超市已经遍布省级单位的各个市区，正准备往外省扩张。他经常笑着跟孩子说：“咱虽然只是个小老百姓，但梦想还是要有的，万一实现了呢。”

梦想不能因为我们在社会中存在的地位、金钱、名誉等来决定它的大小。所以，有梦不在大小，有志不在年高，有梦就需要去追。如果我们的梦想还不清晰，那么我们现在就可以慢慢地去理了。

比如我们可以去想想自己未来的梦想是什么，或者有哪些是曾经特别想做的事情，而因为这样那样的原因没有去做，或因为某种原因做了一半放弃的。找到它，然后坚持完成它，我们就是“鲨鱼”了。

当然，我们都知道小虾米要有个鲨鱼梦，但只有梦想并不等于完成梦想，还需要我们去逐步实现它。所以，怀揣一个鲨鱼梦，只是我们起航的第一步！要知道，只有做到才能成为“鲨鱼”。

可惜的是，有很多人还没有开始，就把自己的目标掐掉了。“哎，能不能做成啊？”“做这个可能不容易吧？”“这么难做还是换一个吧”……正是这样的心理，才让自己放弃了一次又一次的机会，也让自己变得越来越不值钱，成为真正的“虾米”。

4. 清晰的目标是伟大公司的基因

一个拥有清晰目标的公司，无论身处顺境还是逆境，都会向着自己设定的目标勇往直前。而那些优秀的老板们，总能想到办法让自己的员工明白公司的目标，并让他们为了这个目标而不断努力。

由此可见，一个清晰的目标是能够轻易将公司的每个员工联系在一起，并让他们向着同一个方向奋斗的。相对来说，员工也可以公司的目标为指南，让自己的工作更加符合公司的需要。

童之磊是中文在线的创始人，他的创业故事，是从清华大学的一间宿舍开始的。

在大学毕业之前，童之磊已经有了“数字出版”的想法，并觉得它拥有着非常广阔的发展空间。为此，他还特意到一家出版社游说，结果却被对方“上了一课”。不仅如此，他这种“无业游民”的状态也让亲戚朋友很担心，纷纷劝他找个工作。

但他“数字出版”的目标却从没有动摇过，即便中间有段时间因为股市的崩盘，各个有意向的投资人也纷纷弃他而去，他也不曾动摇自己的目标。据说，那是中文在线最艰难的时候，公司甚至只剩下3个人，没有资金，他只能自掏腰包给员工发工资，当积蓄花完后，他不得不到其他企业打工，用微薄的薪水来供养自己的公司。

正是因为这段经历，他结识了泰德集团的董事长，并获得了对方的赏识。为此，董事长答应收购中文在线，而他则成了泰德集团的总裁。但在这个时候，他仍然没有忘记自己的目标，于是在中文在线被泰德收购的第三年，他提出了回购计划。

到2015年1月，中文在线成功登陆深交所创业板，成为国内“数字出版第一股”。

在创业过程中，会遇到很多困难，比如资金短缺、员工辞职、股东跑路……即便如此，创业者也要坚信自己的目标，并努力去实现它。相信自己的目标，只要我们还坚信它，员工还坚信它，公司就能走出困境。

在这个过程中，创业者要确定公司的核心竞争力，明确各方面的信息，并制订一个短期目标和长期目标。一般短期目标要具有可行性，争取我们能在短期内完成；长期目标则需要老板要有远大的志向，并且敢于想象。

换句话说，就是当我们在想要做成一件事情的时候，首先要想想自己要怎么做，并愿意为之付出比任何人都强烈、甚至粉身碎骨的热情，这是最为重要的。而这才是一个有大格局的老板应该具备的精神。

在稻盛和夫还是一个无名企业的经营者时，他第一次听到松下幸之助的演讲。当时，松下先生在演讲中提到一种经营模式——水库式经营。简单来说，就是下大雨的时候，没有建水库的河流会发大水；而持续日晒，河流的水量就会不足。以此来表示经营应该像建水库蓄水一样，让“水量”不受天气和环境的左右，并始终保留一定的后备力量。

这番理论让很多中小企业的老板非常不满，有人直接质问道：“如果能够进行水库式经营当然好，但是，现实不能。若不能告诉我们怎么样才能进行水库式经营的办法，那还值得说吗？”

面对这种情况，松下先生沉默了一会儿才解释道：“那种办法我也不知道，但我们必须要有不建水库誓不罢休的决心。”这话让全场哑然失笑，大多数人对他这个答案都感到失望。

但稻盛和夫却从中感受到了巨大的冲击，从松下先生的话中，稻盛和夫开始明白“誓愿”的重要性。毕竟修建水库的方法因人而异，不能千篇一律地告诉他人如何做。但是，自己却要先树立信心修水库，所以，有坚定的信心才是这一切的开端。

也就是说，如果老板没有强烈的愿望，就“看不到”所谓的办法，成功也不会向我们靠近。因此，我们先要有强烈的愿望，这是非常重要的。只有这样，愿望才能成为新的起点，才能够成功。

无论是谁，伟大的公司就好像是我们内心描绘的一张蓝图，这是我们想要实现的目标，而愿望就是一粒种子，需要在“目标”这个庭院里生根、发枝、开花、结果，才能一步步接近我们的目标。

当然，为了实现目标，只是一般的愿望肯定是不行的，“强烈的愿望”很重要。这不是漠然地想着“如果能够那样就好了”，而应抱有强烈的愿望，然后废寝忘食地渴望、思考它，最好让自己全身上下、从头顶到脚尖都充溢着这个愿望。因为这才是让我们的事业成功的原动力。

5. 梦想，一定要真实

中央电视台曾发起一个关于“你有梦想吗”为主题的调查，记者对各个年龄层次的人进行随机抽查采访后，获得了五花八门的答案。比如有位老大爷说自己的梦想是健康长寿；一个小男孩的梦想是成为书法家；一名中年妇女的梦想是自己能坚持锻炼，然后活到100岁……答案虽然不尽相同，但只要朝着梦想努力，实现的可能性都很大。

但有些人的梦想却显得非常无厘头。比如一个中年男人的梦想是希望时光倒流，能让自己重回学校读书；一个小青年的梦想更是“乌托邦”，他希望自己可以白天睡觉、晚上打游戏、不用出去工作、有钱花。这些梦想听起来很浪漫，但相比于那些更靠近生活、更有实际意义的梦想，这种梦想估计比人类发明永动机还要难以实现。

在浙江卫视《中国梦想秀》播出的第五期，最后上来的一位“追梦人”差点让录制无法进行下去。

上来的追梦人是一位以卖地瓜为生，并且写得一手好书法的中年妇女，她的梦想是“希望帮助丈夫圆一个开书法培训班的梦”。但她的丈夫随后却表示，自己身为一名“艺术家”，“艺术”才是自己的终极目标，并表示“50岁之前我都不会出去工作”。

话一说出，身为节目嘉宾的万梓良顿时发火道：“如果一个男人都不愿意靠自己的能力去养活自己的家庭，还要我们这些助力团干什么呢？我们不要再录了，大家休息下。”然后率先离开现场，潘长江等也随后跟着退出，观众一片哗然。

之后，有人问万梓良原因，他表示：追梦人丈夫的这种态度，让他自己觉得没有继续下去的必要。“并不是所有梦想都可以上这个节目，如果你要我去摘月亮给你呢？”他说。

梦想要有，但必须要切合实际。这个想要成为“艺术家”的人虽然有很好的梦想，但在追寻“艺术”之前，首先要能够生存。如果他不去工作、不养家，只知道“搞艺术”，那和那位想要“白天睡觉、晚上打游戏、不用出去工作、有钱花”的小青年也没什么区别。这种注定要半途而废的梦想，是非常虚幻的，显然不能称之为好的梦想。

梦想并不是空想，更不是毫无意义的幻想，而是以事实为基础、以能力和意志为桥梁，是我们看得见并且触之可及的东西。因此，我们要先学会从自身出发寻找问题，只有为自身构建契合实际的梦想，并愿意为之付出足够的努力和汗水，我们的梦想才能实现。

2004年，马云在网商大会上说：“我们今天有一个网商梦，希望开辟网上的‘沃尔玛’，这是基于我做了200万的营业额。如果你一分钱没有做到，说我要做沃尔玛，我相信可能性不大，我做这个企业之前也是一点点来的……你在创业的第一天一定要有梦想，还要坚持这个梦想。”

到2014年9月，阿里巴巴在美国纽交所上市后，马云又有了新的梦想。他说：“我有一个梦想，中国在过去15年当中因为我们而改变，我们希望未来世界因为我们而改变，我们要大过沃乐玛——但不是因为公司规模。我们希望能够学习他们改变样子，就像IBM和沃尔玛这些公司，它们的形成过程本身也就改变了世界。”

在谈到自己的梦想时，马云显得很自然。即便人们说他是狂妄的、是疯子，但他依然充满自信、胸有成竹。事实也证明，他的这些梦想并非空想，而是他已经具备了这样的实力和基础。因此，只要他朝着这个方向不断努力，梦想就会有实现的希望。

由此我们也可以看出，马云的梦想是很切合实际的，是以事实和实力为依托的。无论是从一年赢利1元到出资10亿收购雅虎，还是从非专业出身到创造一个网络神话，都不是他凭空幻想出来的，而是实际行动的结果。

而作为公司领导者的我们，要学习的就是这种既要专注梦想，又要专注实际的能力。只有专注于当下、专注于实际，梦想才有实现的可能，才是有大格局的体现 。

6. 做1%的疯子，因为成功的人都是1%

马云曾多次表示，自己是不懂设计、不懂编程、不懂财务的人。但他却要做一件伟大的事：“我们要做一家让中国人骄傲的公司。”然后，他带领一个互联网公司走到今天。不少人都觉得，这个人似乎就是一个疯子。但就是凭着这股疯劲儿，他成功了。他说：“有人说，我的公司是一个疯子公司，我承认。他们说中国99%的公司都不是像你这样的。我觉得我们愿意做1%，因为成功的人都是1%。”

乔布斯就是个疯狂到偏执的人。以iMac的设计为例，当时乔布斯并没有为iMac配置软驱，他觉得传送信息或数据，只要通过互联网或电子邮件就可以了。

但事实却是，软驱是当时所有电脑的标准配件，所以这种超前的观念引起了消费者的强烈不满，外界当时普遍认为 iMac 产品注定失败。

但乔布斯却丝毫不为所动，坚持 iMac 不配备软驱，而是设置了 USB 接口，用它来连接外围的设备。短短几年过去了，软驱被市场淘汰，电脑发展的趋势也证明了乔布斯的独到眼光。

很多无法理解他的专业人士都觉得他疯了，但看着那些把彩色苹果当作最酷文身、每天浸润在苹果世界里的“果粉”，大家只能闭嘴。

这就像苹果在一段名为“狂人们”的电视广告中所说的：谨献给那些狂人们。他们特立独行，他们桀骜不驯，他们惹是生非。他们是一群格格不入的人。他们看待这个世界的方式与众不同。他们讨厌循规蹈矩，他们也绝不安于现状。你可以支持他们、质疑他们、颂扬他们或诋毁他们，但你唯独无法忽视他们的存在。因为他们改变了许多事物。他们推动人类前进。尽管他们是别人眼中的疯子，却是我们眼中的天才。正是那些疯狂到以为自己可以改变世界的人，才能真正改变世界。

所谓“不疯魔，不成活”，当一个人对一件事热爱到发疯，狂热到几乎倾尽生命，并为之付出了无数不求回报的努力之后，我们一定就能将这件事做好，就能在自己所钟爱的领域中活出精彩。

就像某位作家所说的：“做一件事成功的秘诀，跟追求人生其他很多宝贵的东西，如工作、爱情、婚姻、幸福等一样，就是：你必须想要！非常想要！想要到想疯了！想要到为了得到它，付出别人想象不到的努力。大多时候，我们之所以得不到我们想要的东西，并不是因为我们命不好，只是因为我们没有想要到发疯！”

而疯子，如果我们从另一个角度来解读，其实就是那些对梦想非常偏执的人。他们一旦认定了自己的选择，那不论外界如何捶打，不管时光如何考验，他们始终不会改变，只一味朝着梦想努力奋斗。

也许正因为如此，才会有人说，天才多是孤独的。之所以孤独，一方面源于不被理解，另一方面则源于他们对梦想的偏执追求。而事实也证明，只有这样的人，才能在某个领域有所建树。

石小磊从小就有个律师梦，但因为家庭原因，高中毕业后不得不辍学回家。但他并没有忘记自己的梦想，每年家里的农活忙完后，他都会到城里的同学家耗着不走，用于“开拓眼界”。村里人都说他不务正业，有那点时间还不如出去打工，“疯了吧”。同学也觉得他这样整日“瞎混”，一点儿谱都没有。只有他自己知道，自己想要做什么。

随着身边的议论越来越多，家里的人也开始由指责到放任不管，但他依然不为所动。没人知道，这时候的他，已经通过了法律本科的学习，并开始筹备律考了。为了不影响到其他人，他索性在城里租了房子，把自己关起来读书，心无旁骛地坚持着自己的梦想，全然不顾他人的议论和不屑。

后来，他通过了律考，如愿成为一名律师。再后来，他开办了一家自己的律师事务所，买了车和房，把父母也接到了城里，成了十里八村称赞和教育孩子的榜样。

每个人在最开始的时候，都怀有自己的梦想，但经过时间的考验，许多人却淡忘了曾经的梦想，然后“泯然众人矣”。只有那些对梦想依然怀有偏执之心的人，也就是那些不被大家所看好的“疯子”，才有可能成长起来，变得熠熠生辉。

所以，我们在追寻梦想的道路上，不妨疯一点、狂一点、大胆勇敢一点。有时候，对梦想近乎疯狂的偏执，恰好就能帮助我们跨越艰难和惰性，帮我们扛过非议和不自信。因为唯有疯，才能激发出我们生命的激情和无限的潜力。疯是一种渴望，是一种力量，更是一种大格局的体现。

7. 埋头经营，还要大手笔做宣传

1999年2月，蒙牛创始人牛根生对他的副总说：“我给你100万的宣传费，对谁也不要说。”对方问他为什么，牛根生说：“现在总共筹到300万，拿出100万做广告，我怕大家知道后接受不了。我就要一个效果：一夜之间，让呼市人都知道。”于是，在1999年4月1日早上，人们一觉醒来，突然发现道路两旁冒出了一长排的红色路牌广告，上面写着：“蒙牛乳业，创内蒙古乳业第二品牌！”然后，蒙牛火了。

但在现实生活中，很多老板的肩上虽然扛着品牌大旗，心里却打着小算盘。他们更乐于小打小闹，希望用小投入来获得大回报，却从没有想过用大投入来换取更大的回报。这其实就是一种格局，格局小的老板，最先想的永远是自己，恨不得从一颗鸡蛋里吃出黄金来；而格局大的老板，却能着眼于未来，并在大环境里定义自己的事业。

“烤上皇”涮烤吧原本是一个小本餐饮投资店，但它的老板自从开创了涮烤自动化的新模式后，就马上甩出巨资与上百家媒体合作做宣传，使其知名度在最短时间内获得了大幅度提高。

比如在传统媒体方面，“烤上皇”在中央电视台、安徽卫视、广东卫视、河北卫视、河南卫视等影响力颇大的电视台全部投放了广告。店内火爆的经营场面和美味诱人的食物，让电视机前的观众看得热血沸腾，纷纷打听哪里有的吃。

接着，“烤上皇”又吸引了《时尚》《中国青年》《中国企业家》《商业周刊》《天下》等前沿杂志，纷纷对其餐饮创新进行了报道，并对其项目做了详细的介绍。这让更多投资者看到了“烤上皇”的真实力。

之后，“烤上皇”更是一鼓作气，开始在知名网站和搜索引擎重拳出击。如百度、谷歌、雅虎、新浪、网易、天下商机、U88、3158等网站上，都展开了全方位立体品牌营销。在这般铺天盖地的宣传攻势之下，“烤上皇”在中小投资人群中的名号越来越响，接受度也越来越高。

为了一个小本投资品牌而花大力气去做宣传，除了要有实力外，还需要老板有着超凡的胆识和魄力。况且，商人的钱并不会无故浪费。一般情况下，一个公司的老板之所以敢投入巨资去打造知名度，大多源于对自身实力的自信。

老板相信巨额的广告宣传费不会打水漂，而是会真正起到投石问路的作用，会给自己的公司打开广阔的市场大门，吸引更多投资者，从而为公司的壮大奠定坚实的基础。

正因为如此，在经营公司的过程中，很多老板都会把宣传工作作为重要手段，并将其纳入经营的整体实施方案和规划中。为公司增加一个重要的生存、生活、发展的手段。而诸多实践也证明了，正确有效的宣传工作，不但可以为公司创造无形价值，还可以为其创造有形价值。因此，公司要想对内凝聚力量，对外树立良好的形象，以及提高自己的市场竞争力，就不能不重视宣传工作。

那么，身为一名公司老板，我们该如何做好公司的宣传工作呢？

建立宣传工作的团队

宣传工作团队的建立，是推动宣传工作的重要保证。而一支好的宣传队伍，则能够形成一种合力，营造出良好的宣传氛围。因此，我们很有必要组建一支素质较高、业务精通、作风正派的宣传队伍。

借助新闻媒体及活动平台

公司的宣传工作要有广泛的群众基础和影响力，只要我们能善于借助新闻媒体的优势，为推进公司发展这个大局服务，那必然会收到令人满意的效果。比如公司可以多方搭建活动平台、开展各种文化活动等，不仅能增强宣传工作的感召力，还能促进公司员工对企业文化的统一认识。

要发挥舆论引导作用

宣传工作直接服务于公司内部，两者之间相互渗透、互为影响、互为促进。而舆论引导则是宣传工作的核心和灵魂，要想把握正确的舆论导向，我们就需要树立正确的大局意识和责任意识，然后要从实际出发，以行业报刊、杂志、网络、微博、微信等媒体形式出发，为公司形成定位明确、特色鲜明、覆盖广泛的舆论引导格局。

最后，随着社会发展的日益进步，公司的宣传工作也要随时更新、随时提高。而老板则需要用发展的眼光来研究宣传工作，不断去发现宣传的新思路、新途径、新方法，让公司的宣传变得更具亲和力、吸引力和感染力。从而为公司的发展提供强大的舆论支持和良好的内外环境，推动公司持续、稳定、健康地发展。

8. 如何正确地给员工“画大饼”

“画饼”是一种非常有效的员工激励方法。在一个公司里，领导会为下属画饼；高层会为中层画饼；老板会为全体员工画饼。如果饼画得好，甚至可以很好地解决公司亟待解决的燃眉之急。

当老板需要给员工“画饼”时，不仅要给他清晰的工作规划和薪酬路线，更要有能力给“饼”。如果只画“饼”不给“饼”，那属于空激励，不能给“饼”却想继续给员工画“饼”，时间一长就可能变成负激励。负激励的后果，就是员工变得出工不出力，原本负责任的员工也会变得不负责任。所以，老板“画饼”，是需要一定技术的。

安少白在一家公司工作了三年多，在这段时间里，他发现自己的老板真的是一个非常善于“画大饼”的人。

在每年的年中及年末会议上，老板都会用大量的时间来总结一年的工作成果。像谁谁谁获得了哪些成绩，谁谁谁为公司获得了什么利润等，并在会上对诸位员工的工作表示满意。这样的一番表扬，员工心里都是美美的，所以即便老板再提出什么“过分”的工作计划，也会爽快地接着。

然后老板还会找时间一一对员工进行面谈。比如上次老板找安少白谈话，他微笑着说：“小安啊，今年的业绩不错，已经连续几次获得部门第一，小伙子很有前途啊！再接再厉，跟着公司一起好好干，不会亏待你的！”“明年公司有个大项目，市值好几百万，我准备安排你去跟进，你办事我最放心。”“听说你准备买车了？嗯，有想法，明年再努力努力，无论是买车还是买房，都会实现的”……

听到这样的话，安少白的心里就会像打满鸡血一样，兴奋异常，并且感到奔头十足。也正因为老板的这种“画大饼”行为，即便公司的年终奖一如既往，但每个员工都很拼命。

由此可见，为员工“画饼”，真的是一种不错的激励手段。但是，我们也要注意一点，这个方法的使用次数非常有限，如果老板一直不给员工来点实际的，那即便我们把“饼”描绘得再光辉灿烂也没有用。

我们能给予员工多大的空间，自己需要非常明白，否则就不要盲目承诺。盲目承诺的后果，不仅毁了自己的信誉，还会丧失员工对我们的殷切期望。如此一来，双方在今后的工作中，也会非常难受。

因此，老板在给予员工期望的时候，需要把握一定的度。比如我们准备给员工的月薪增加1000元，那不妨先告诉对方80%或85%的数字，然后给他意外的1000元，并告诉员工，这是因为他哪个方面的特殊表现，特意为他争取来的。这也是在告诉员工，对方所做的成绩公司并不会视而不见，只要做得好还会有意外的补偿。

但反过来，如果一个老板承诺给员工加薪1000元，结果却只是给了800元，然后我们跟员工说这是公司的规定，或者说是因为员工哪儿哪儿做得不够，才导致原本的薪资没有批下来，那员工的工作动力肯定就会大打折扣了。

当然，如果老板不能满足员工的物质激励条件，还可以通过另外一种方式给员工“画饼”。比如我们可以给员工提供学习和发展机会，或帮助对方得到多通道的工作发展机会。

另外，“画饼”这个方法虽然不错，但“饼”画多了，员工总有一天会识别出我们的“饼”是画的而不是真实的。这个时候又怎么办呢？有没有一个长久的“画饼”技巧呢？事实上是有的。

明确对员工的期待和奖励措施

一般情况下，老板对员工的要求越明确、越具体，并且不是员工难以达到的结果，那员工就会有方向、有动力、有目标。如果员工达不到这个要求，老板可以提出一些惩罚措施，如果达到，就应该给予奖励。这个奖励并不单指奖金的奖励，比如我们要求员工要不间断地工作8小时，或者是经常性地加班，那对方在完成任务后，我们不妨适当减少员工的工作量。

把握员工的内在需求并加以细化

老板需要充分了解员工的想法，有效把握住他们的内在需求，并对其加以详细化。比如我们希望留下一名想辞职的员工，那我们就需要知道对方为什么要请辞？员工想要的是什么？而作为公司的老板，我可不可以满足员工的要求？

告诉员工公司的价值和发展潜力

我们可以向员工描述公司的雄伟蓝图，比如马云当初的战略。一定要告诉员工，我们所在的公司是有价值的，是有发展潜力的，我们将来也是有机会提升的。如此，才能留住员工或是鼓舞员工的士气。但这里要记住一点，不要夸张和欺骗，否则可能只能留住员工一时。

总而言之，对于员工，我们需要“画饼”，但也不要轻易去“画饼”。该怎么“画饼”，画什么样的“饼”，什么时候该“画饼”，是需要我们经过学习和思考的，别到时原本想“忽悠”别人，结果却“忽悠”了自己。

第九章　大视野，要有全球化思维

1. 要站在未来的角度看今天

马云曾说过：“我一路走来备受质疑，许多人怀疑它、拒绝它、诽谤它。这就是新生事物，如果每个人都认同了还轮得到我做吗？每个新生事物都是在非议中成长的。要成就一番事业需要超前的眼光、敏锐的触觉，就是要做一些别人暂时不敢做的事才能把握先机。当别人明白了，我们已经成功了。当别人理解了，我们已经富有了。”

很多企业家都是行业里的先驱，他们在创业之初会被一大群人嘲笑，几乎没人懂得他们在做些什么。比如我们身边的很多习以为常的东西，在10年、20年前就是一种不敢想象的新东西。它们是那些伟大的企业家、发明家预想并实施的，但在成为现实之前，是被嘲笑的：“这东西能成吗？”他们顶住了这些非议，才创造了今天和未来，这正是具有大格局的体现。

不管是在创业初期的“开荒牛”，还是今天的“空降兵”，很多高管都承认，加盟阿里巴巴完全是被疯狂的马云和阿里巴巴所吸引。

阿里巴巴一位管理人员告诉记者，他们之所以如此信任马云，是因为马云从没有让他们失望过，他高瞻远瞩的眼光，已经赢得了所有员工的心。他决心办到的每一件事，不管多么艰难，最终都会如他所愿地实现。

比如在2002年12月底，阿里巴巴实现了1元钱的盈利。然后在2002年的年终会议上，马云提出了2003年的计划——阿里巴巴全年盈利1亿元。从1元到1亿元！有人站起来拍桌子反对马云，结果却如马云所料，阿里巴巴轻松完成了1亿元的盈利。

然后在年终会议上，马云又抛出了一个更疯狂的目标："2004年，我们要实现每天利润100万；2005年，我们要每天缴税100万。"这再次引起了管理层的轩然大波，反对的声音也更激烈，但马云充耳不闻。结果到2004年，阿里巴巴再次实现了马云的梦想，马云也再次征服了他的部下。

马云称阿里巴巴从成立以来一直备受质疑。"我做阿里巴巴一路被骂过来，都说这个东西不可能，不过没关系，我不怕骂，在中国反正别人也骂不过我。我也不在乎别人怎么骂，因为我永远坚信这句话，你说的都是对的，别人都认同你了，那还轮得到你吗，你一定要坚信自己在做什么。"

李嘉诚在总结自己50多年的商海时说："当一个新生事物出现，只有5%的人知道时赶快做，这就是机会，做早就是先机，别管是什么行业；当有50%的人知道时，你做个消费者就行了；当超过50%时，你看都不用去看了！"

这也就意味着，我们一定要学会站在未来的角度看今天。如果做不到，那我们就创造不了一个企业，更无法创造一个行业。这也是为什么生在同样一个时代，有同样的机会，有的人可以先富起来，改变自己的命运；有的人却一无所有，后悔终生。这些与眼光是否超前、创业者是否具有预见性有很大关系。

2017年5月，马云在阿根廷演讲，我们来看一下他在这次演讲中透露出了哪些未来风向。

在演讲中，马云表示，关于赋能中小企业，政府要采取行动，要鼓励企业家精神，支持中小企业发展。他直言自己为今天的阿根廷感到遗憾，因为这里的互联网速度如此缓慢、价格也非常昂贵，这并不是什么好事。但与此同时，这也意味着阿根廷有着巨大的机会。

不仅如此，马云说："除了电子商务，双H（幸福与健康）也是未来发展方向，阿根廷拥有优美的环境和举世闻名的足球运动，这个国家未来充满机遇。"他还特意举例说，在阿里的平台上，阿根廷球星梅西的球衣在2016年出售了17万件。

另外，马云还在演讲中表示，在接下来的10年中，"零售加上线上、线下和大数据、加上仓储，将成为新的零售"。"未来20年内，人很可能每天只需要工作四小时"。他想象着，"在未来30年内，《时代》杂志封面的年度最佳CEO会是一个机器人，因为那时候的CEO必须分析大量数据"。

这就是一种站在未来的角度看今天的方式，面对这种理论，很多人可能会表现出一种本能的抗拒、质疑，或者是理性的好奇。但对企业家来说，这正是创业的乐趣所在，当我们在做一件事，而这件事还没有人知道是不是真实、能不能成功的时候，我们要做的就是朝着自己觉得正确的方向，坚定地走下去。就像那句早已传遍大街小巷的名言："坚持不一定成功，放弃一定失败。"

创业其实就是这样的过程，影响成功或者失败的原因很多，但我们首先得清楚自己有这股勇气承受所有的一切，这样我们才有资格玩这个游戏。

有些人看到信息，总是习惯性主观臆断，觉得"这不可能"，然后轻易放弃；有些人却能看到信息背后的市场，并通过客观分析，认为"这有搞头"，然后迅速把握机会。总而言之，站在什么样的角度，有什么样的眼光，就得到什么样的结果。

2. 想看得更远，就站在别人的肩膀上

牛顿曾说过："我之所以能取得如此辉煌的成就，只是因为站在了巨人的肩膀上。"这固然有牛顿自谦的成分，但也说出了一种创业的途径——站在别人的肩膀上。

由此可见，创业的方式有很多种，它不仅表示我们可以开辟出一条前人从未走过的道路，也代表我们可以站在前人的肩膀上，尝试去走一条别人已经走过的路，并且走得更好。所以，我们不妨从大的格局出发，为自己设置一个更高的目标，站在那些巨人的肩膀上超越巨人。

新浪网创始人王志东曾经说："马化腾是业内有名的抄袭大王，而且是明目张胆地、公开地抄。"这句话直接点名了腾讯公司众多产品有模仿的特性，比如QQ是抄袭ICQ；门户网站是抄袭新浪、搜狐；网络游戏是抄袭网易、盛大；拍拍网则是抄袭淘宝和易趣。

但问题显然并不是"抄袭"这么简单的，因为腾讯无论"抄"什么，最后结果都能青出于蓝，把对手远远甩在后面。

因此，在《马化腾：第三者的颠覆型模仿》中，马化腾这样回答了关于"抄袭"的问题："我认为模仿并不丢人，但模仿有两个基本的要诀，第一是选择模仿的对象，一定要选择已经证明成功的有前景的'好东西'，同时要牢记模仿只是手段和工具，模仿的目的是创新和颠覆；第二是把握模仿的时机，在进入一个领域的时机把握上，腾讯一般选择有第二者出现后，即一家开创者加一家跟进者，这表示这个市场即将启动。很多创业者往往一上来就陷入创新的误区，结果死于创新。"

在某种程度上，腾讯对创新的理解是这样的："任何创新都是站在前人的肩膀上，创新从来不是无中生有。"马化腾深谙网民需求，在模仿的时候会直接把自己定位为一名挑剔的用户，然后再针对相关产品的"缺陷"进行改进和创新。

这种"不盲目跟风，也不无端创新"的方式，才是腾讯最终能够超越前人的秘诀。更何况，整个互联网的发展模式，几乎都是在模仿中创新，腾讯并不是唯一一个。有业内专业人士表示，"大公司以垄断的形式模仿，的确会扼杀中小型互联网企业的创新。但新兴互联网企业的开创，往往也是从模仿大公司开始的。"

比如IBM公司就曾被现代"管理之父"彼得·德鲁克称为"全球首屈一指

的创新模仿家”。因为他曾尾随雷明顿·蓝德公司推出了商业大型计算机。但我们不可否认的是，正是有了这样的“后知之明”，才让“后来者”更容易避开早期产品的各种缺陷，从而获得更大的利润。

再比如说当当网网上书店，其联合总裁俞渝就直言“是对亚马逊这个世界最大、最知名的网上书店的模仿和学习”。而在实施模仿战略时，余渝的心得是：“要以开阔的心态和眼界去学习，并且在学习中重新建立适合企业本地生存的新规则。”这也是当当网之所以能把网上购物这样的新事物，成功推广起来的“模仿要义”。

据说，三星电子就是通过对电子巨头索尼进行创造性模仿，才一步步发展壮大起来的。当时，三星电子在2004年4月公布其第一季度营业额及总收入显示，三星第一季度销售额为125亿美元，营业利润超过了34.8亿美元。

只第一季度的营业利润，三星就远远超过了索尼2004全年8.13亿美元的营利预测。当然，如果这就认定三星电子超越了索尼，还为时尚早。因为单从营业额上来看，2003年，三星电子的总收入为362.8亿美元，而索尼的总收入为720.81亿美元。也就是说，这只是三星电子的“超越”战略。

据此，三星电子作为一个“模仿”神话，成为诸多企业家推崇的对象。

另外，当我们准备“站在别人的肩膀上”时，还要注意一点：模仿创新并不是盲目进行的，而是朝着自己既定的目标进行的创造性模仿。如果我们只是一味地对某个公司的管理方式或技术进行模仿，那只能代表我们是在重复别人的步伐，将很难有所突破。

简单来说，就是我们在模仿创新的最初阶段，都要经过一个学习的过程，取其精髓，然后在后期加入自己的思想和创意，并通过这种独特的创新获得更大的成功。

3. 思维开放的老板，能得到更多机会

创业是一条艰难且充满挑战和刺激的过程，因为人们对未来的不确定和憧憬，才让更多的人想要通过创业来展现自我价值。但由于我们每个人的过往经历不同，所掌握的知识和视野不同，所以每个人看待问题的思维角度也是不同的。我们要想得到更多的机会，突破现有的思维局限，拥有大格局，就需要我们在思维突破的环境中保持一定的好奇心。

埃隆·马斯克是 PayPal 贝宝、SpaceX 太空探索技术公司、环保跑车公司特斯拉和 SolarCity 四家公司的 CEO。而他之所以能做到这一步，很大程度上就是因为他在不同的高科技领域，都能很好地保持自己的好奇心，并开放自己的思维。

比如马斯克提出的超级高铁项目。在传统思维中，在地下挖掘隧道，是一个极端耗费财力的项目。但马斯克首先想到却是：将隧道的直径从普通的 28 英尺缩小到 12 英尺，这样挖掘的成本也会相应减少。然后马斯克考虑到现在的盾构机挖掘隧道，将其中一半的时间用于挖掘，另一半的时间则用于加固隧道。因此，马斯克就设想将机械设计改成连续挖掘和加固。这就可以带来两倍的成本改善。

另外，马斯克还觉得机械并没有达到功率的极限和热极限，那就意味着还可以大幅增加盾构机的功率。如此，就可以再带来至少两倍，甚至 4 ~ 5 倍的改善。而通过这一系列的改进，则可以让高铁项目在每英里的建造成本中，实现超过一个数量级的改善。

后来，他的那些大胆的想法不仅得到了业内人士的热心帮助，也一次又一次地成就了自己的事业。比如在 2005 年，年仅 34 岁的马斯克已经身价过 3 亿美元，在他不满 40 岁时，关于互联网、清洁能源和太空这三个理想已经全部实现。

在创业的过程中，如果我们可以保持一颗好奇的心，也许每天都会有一些新的发现。而当我们向新事物、老问题等追求更方便、更快捷、更低成本的出众方案时，我们局限的思维可能就会被打开。

这也是为什么同样的创业问题，有的人能解决，而有的人却在不断试错。其关键就在于我们是否愿意用开放的态度，去多交流、考察和学习。

比如小米的创始人雷军，就曾以“投资人”的身份拜访过手机行业内的各个人士，并与他们交流、讨论。最后才形成了集各家之长的营销模式，把自己的风险、资金等都降低的情况下，完成了小米的突围。

当然，在这个过程中，有的人可能会担心：“我想到一个好点子，但我不敢跟别人说，害怕一说出来别人就会去做了，而我就没有机会了。”这其实就是一种自我设限，需要我们直面思维上的突破。

有位创业者给一著名企业家私信说：我想到一个“很好”的移动互联网创业项目，想获得一笔融资，但我又担心这个想法会被投资人“抄袭”，使我失去原本属于我的机会，我该怎么办？

企业家给这位创业者讲了一段自己的经历，并给了对方一定的建议。其回复内容是这样的：

在2005年，有个做职业装定制的老板跟我谈到转型的问题，问我有没有建议，我说你可以通过网络渠道，只做衬衫。这个思维如果放在今天来说，真的太简单了，因为大家都知道。但在那个时候，还没有凡客、PPG什么的，而我有自己的软件公司，对服装行业也不太感兴趣，所以这个“想法”很珍贵。

对于你的问题，我建议你先想想看：你的一个想法说出来别人就能比你做得更好吗？思考得更有深度吗？如果是，就说明这个项目去除想法后，你没有一点比别人占优势。往坏里说，就表示你没有团队、架构和运营，反正你也做不起来，何不做个顺水人情。以后还可以到处吹牛皮，说某某行业当初的想法是我提供的建议。

想要破除自己设限的思维，就要先学会跳出固有思维，换个想法来看待那些自以为的“不可能”。比如有些准备通过网络做营销的创业者们总是这样说：“我不会玩新闻源，不会玩头条，没有资金，不会做互联网，所以我们根本学不会网络营销。”

事实上，任何人只要愿意开始，就会知道是如何开始的。比如现在网络发达，只要我们想，就可以通过互联网找到自己想要的任何资料。而我们只需要“照猫画虎”，一般都可以在互联网上盈利。那些所谓的“不会”，只是不愿意做而已。

因为我们一说自己“不会”，心理就会变得非常轻松，就可以顺理成章地把一切责任都推给别人，推给了“不会”。这样的思维，其实就是把自己的未来给抛弃了。而但凡是个大佬，是个有大格局的人，思维都是非常开放的。比如马云就是一个思维开放的人，他在电脑还没普及的年代，就开始推广电商了。

4. 老板的危机感：每天都“战战兢兢，如履薄冰”

任正非的商业独白是这样的：“我天天思考的都是失败，对成功视而不见，也没有什么荣誉感、自豪感，而是危机感。失败这一天一定会到来，大家要准备迎接，这是我从不动摇的看法，这是历史规律。”华为在将近30年的发展中，可谓一路高歌猛进，创造了许多令人瞠目结舌的商业神话。但其创始人任正非却像一只低调而谨慎的狼王，时刻带着危机感，默默带领着17万人的庞大通讯帝国前进。

由此可见，只有我们对自己的位置存在敬畏之心，清楚自己的过错，并有强烈的危机意识，才会不断反思自己的行为，端正心态，严格要求自身，变得更有格局意识。

三星集团的总裁李健熙，早在20世纪90年代初就感受到了全球信息化所带来的挑战，并因此有了强烈的危机感。比如在1993年，李健熙在阐述自己经营革新的思想时这样写道：

“我就任会长以后，5年来一直在思索当今世纪末叶的情况以及三星所处的位置。我深刻认识到，三星如果不能成为一流企业，就将陷入危机。我一直在三星职工面前强调这一危机，并叮嘱要实现以质量为主的经营。我作为负责三星的会长，尤其是从1992年开始以来，这种危机感常使我身冒冷汗，彻夜不眠。

三星如果安于现状，别说是想发展成为超一流的企业，就连三流也保不住，我们的确处在悬崖之巅。我们现在即使是忍受切骨之痛，也要自觉地进行变化。现在是能够变化的最后一次机会，再迟就无余地。一切变革要在4～5年内完成。为此，首先要从我会长做起。”

不少白手起家的创业者，可能是因为曾经一无所有过，所以具有很强的危机感。因此，他们大多会秉承“适者生存，劣者淘汰”的理念，几十年如一日地努力奋斗，从不敢懈怠。试想一下，如果每个创业者都能如此，那创业还能不成功吗?

当然，很多人都喜欢稳定所带来的安全感，比如稳定的工作、稳定的生活，很多老板也是如此，希望自己的公司越来越稳定。

但很多老板却觉得公司已经成立了，所以不再和合伙人沟通了；觉得员工的能力已经够了，所以不再找优秀的人才了；觉得公司已经发展得不错了，所以不再学习成长了……接着便开始自我膨胀，认为自己什么项目都能做，什么困难都难不倒。而这样下去的结果，往往是公司因为这样那样的原因，突然“猝死”了。

波音公司一直以飞机制造业闻名于世。有一次，公司为了提高员工的危机意识，别出心裁地摄制了一部模拟倒闭的短片让员工看。

短篇内容是这样：在一个天色灰暗的日子里，很多工人垂头丧气地离开了工作多年的飞机制造厂。厂房上还挂着一块“厂房出售”的牌子，扩音器中传出声音：“今天是波音时代的终结，波音公司关闭了最后一个车间……”

这个短片给员工带来了巨大的震撼，而强烈的危机感也让员工们意识到：只有全身心地投入到生产和革新中去，公司才能生存下去，否则，现在看到的模拟倒闭短片将成为无法避免的事实。

有些老板可能会觉得，自己的公司已经做出一定的成绩了，在当地也有了一定的名气，自己完全可以高枕无忧了，却不曾想，当我们在享受稳定的同时，我们的竞争对手并没有躺在安乐椅上休息，他们可能还在学习、在成长。

等到有一天，我们突然觉得公司的业绩不好了、营业额变差了、利润越来越少了，却理所当然地以为“现在的市场越来越不好做了”。回想一下，有多少大品牌说倒就倒了，又有多少知名企业，现在已经消失不见了。

所以，作为一个公司的老板，永远保持强烈的危机感，才是最大的安全感。只知追求稳定的人，可能会变得越来越不稳定，而那些一直在追求不稳定的人，才会变得越来越稳定。

5. 永远把对手想得强大一点

马云曾经说过：“我们做企业的，每天都是如履薄冰，对于每一个项目，对于每一个过程都要非常仔细。所以，不管你拥有多少资源，永远要把对手想得更强大一点。哪怕对手非常弱小，你也要把他想得非常强大。”

所谓“骄兵必败”，很多看起来要赢的“战役”，往往都是因为忽视对手的存在，导致一败涂地。要知道，对手跟我们一样精明，一样善于谋略谋划，一样想把对手打败。而一个具有大格局的老板，就需要对事态的发展有一个客观准确的认识，才更容易获得成功。

马云之所以能率领淘宝网击败行业老大 eBay，有一个很重要的原因就在于尊重对手。马云在总结淘宝与 eBay 之战时也提到，轻敌是 eBay 失败的一个重要因素。

比如早在这场“战争”开始以前，马云就已经长时间地关注 eBay 了。“eBay

公司所有的高层资料我们都会详细分析，他们在世界各地的各种打法，他们擅长的各种管理手段和应招特点，我们都会仔细研究。”马云说，“因为 eBay 是上市公司而阿里巴巴不是，惠特曼对淘宝的了解尚不及他对 eBay 的了解。”

就是因为马云把 eBay 看得比自己强大，所以花了更多时间去准备这场不得不打的战役。马云不仅做到了知彼，也做到了知己。他正视 eBay 的强大，也清醒地认识到淘宝的优势所在，对此他有一个形象的比喻：“eBay 是大海里的鲨鱼，淘宝则是长江里的鳄鱼，鳄鱼在大海里与鲨鱼搏斗，结果可想而知，我们要把鲨鱼引到长江里来。”“和海里的鲨鱼打，进了大海我们一定会死，但是在长江里打我们不一定会输。”

正是基于知己知彼，马云才能在淘宝与 eBay 的竞争中游刃有余地指挥操控，并将其击败。

俞敏洪曾说过：“人一生有两件事不能做，一是低估自己，二是低估别人。很多人都会以貌取人，这是非常不对的。以我举例，上大学的时候，因为长相不够英俊，农村家庭出身，所以非常不受女生喜爱。毕业后的今天，同学聚会时我们班女生才走过来热情地握住我的手。所以我曾开玩笑地说：男人的长相与他的成就成反比，马云就是最典型的例证。”

所以说，永远不要轻视自己的对手，这一条原则对于生死相向的对手来说，将显得更为重要。很多时候，当一家公司的老板通过多年的努力，终于站到了行业的顶尖地位时，很容易就会放松警惕，对身边一些同类小公司兴起也不以为然，觉得自己这条“大鱼”是绝不会被那些“小虾”吃掉的。

殊不知，这种思维对公司来说是非常危险的。毕竟商界的变化极其迅速，自大的公司在一瞬之间被吞没的情况更是数不胜数，结果只能留下一阵唏嘘。

而作为一个有头脑的老板，不单单要具备商业的头脑，还要学会在经商活动中，正确地评估自己与对方。万不可盲目自信，轻视任何一个竞争对手，只有以谨慎的心态对待每一次出击，我们才能把最后的胜券稳稳地握在手中。

有个大学生准备在家乡盖一座茶楼，他信心满满，觉得自己的家乡山清水秀，自己也是名牌大学的高材生，经营好一座茶楼肯定是小意思。然后，他把茶楼选在一个人多却不吵闹的繁华地段，又采用了非常科学的管理人才的机制，让茶楼拥有非常明确的奖罚制度。当一切准备就绪，大学生觉得自己赚钱的日子就要到了。

但没过多久他就发现，在自家茶楼的街对角处，也有一家茶楼，老板是个50多岁的男人。看看对方那张年过半百的面容，再看看对方的经营方式，大学生觉得自己从大学里学到的先进理念，一定会把这个茶楼排挤到关门大吉。

茶楼刚开业的时候，确实来了许多人。但几天之后，客人们的新鲜感似乎消散了，他的生意也越来越不好了，而对面的茶楼却依然像往常一样门庭若市。大学生不以为然，他觉得对面那家茶楼也没有什么竞争优势。

直到几个月过去了，大学生的茶楼开始入不敷出，他才意识到自己的错误，但已经晚了。

每个人都有自己的优势，尤其在关键的商场竞争中，一定要给予对手最大的尊重，对敌我力量的对比有一个清晰地认识。骄傲容易使人过于自信，往往忽略了细节。人一旦开始骄傲，也就开始松懈了，便会毫无招架能力，骄兵必败就是此理。

一个公司想要在商场上顺利通行，就绝不能忽视身边挡住我们的“枝桠”。而顺着这些“枝桠”看过去，我们可能会看到对手强劲的根基，这预示着，终有一天它会成长为我们前方的拦路虎。所以，想要在商场中立于不败之地，我们最好在思想上把自己放在一个劣势的位置，以免骄兵必败。

6. 真正的竞争对手是自己

所谓竞争对手，大多数人都觉得，就是与企业生产同一种产品，或者可以代替的产品，然后两个企业争抢同一个消费群体。比如百事可乐和可口可乐、肯德基和麦当劳、高露洁和宝洁、耐克和阿迪达斯……

但是，在有大格局的老板眼中，关于竞争对手其实是有两个概念的。一个就是我们一开始所说的商业竞争对手，而另一个则是自己。

诺基亚曾是世界上最大的手机制造商，它一直在强调：关于手机这个行业，没有人比诺基亚更了解中国本土消费者的需求。也正是因为如此，诺基亚把所有同类行业都当成了自己的竞争对手。

却不曾想到，2013年成为了一个转折点。诺基亚在智能机的发展上，因为落后于同期的苹果和三星，不仅在高端智能机领域被两者扔出了几条街，在低端市场上，诺基亚更是在WP平台方面经常被竞争对手“调戏”。

比如HTC在WP7.5和WP8产品方面，曾两次抢先诺基亚在中国市场首推新品，华为则推出了1599元的WP8手机W1，性价比超越Lumia手机。对于诺基亚来说，WP8产品是它唯一“命根子”，但这对竞争对手来说，却是可以“牺牲”用来“骚扰”诺基亚产品和市场的战略武器，导致诺基亚的WP8产品销量极低。

试想一下，如果诺基亚在急于发展的过程中能够放大自己的格局，其实很快就能发现，它最大的竞争对手并非来自外界，而是它自己。

更何况，随着时代的发展，现在的许多“游戏规则”都变了，在商海中对我们威胁最大的，并不一定是对手。比如“康师傅”和“统一”方便面的销量急剧下降，与其竞争对手“白象”“今麦郎”没有关系，而是因为“美团”“饿了么”等外卖平台的产生；再比如，打败口香糖的并不是“益达”，而是微信和“王者荣耀”，想想看，过去在超市排队结账时，大家无聊时就顺手拿两盒口香糖，但现在人们都在看微信、刷朋友圈、玩王者。

而在这个“跨界打劫”的时代，我们要想保持企业的活力，就必须不断学习，不断为其输入新的元素。如果我们对新生事物不敏感，甚至不关心，也不善于接受新生事物，那结果只有一个：消失在所有人的视线里。

2016年，在接受《证券日报》的记者采访时，董明珠说：“人活着的意义不是为了自己，而是为了全天下的人。我们要把国家标准、国际标准作为门槛，以消费者的需求为最高标准。因为我们的创造给消费者带来更美好的生活才是我们的目标。要实现这样的目标，就要不断创新。全员创新，才能保证企业充满活力。”

因此，她在发展格力电器的时候，不仅要求公司要掌握核心科技，还要不断创新。比如在2016年1月9日，格力电器凭借“基于掌握核心科技的自主创新工程体系建设”项目，荣获“国家科学技术进步奖”“企业技术创新工程类”二等奖。这是国家在科学技术领域设立的最高荣誉，而这已经是格力第三次荣获“国家科学技术奖”了。

而董明珠，她并不愿意站在舆论的风口上，比如关于美的的专利侵权与小米雷军的10亿赌局等，她都不愿过多提及。她一直追求的，正是格力多年来一直坚持的：在专业化的道路上埋头做事，并且继续坚守。

“真正的竞争对手是你自己，你永远要挑战自己，让自己成为行业的领导者，这不是喊出来的，更不是跟别人打架打出来的，而是你跟自己挑战出来的。”董明珠说。

由此可见，当我们已经拥有一个与商业竞争对手能够形成鲜明差异化的商业模式后，真正高层次的竞争才刚刚开始，就是与我们自己进行竞争。想想看，苹果手机曾天下无敌，其原因在于它只专注于消费者，而不是竞争对手；华为手机后来居上，也不过是因为它专注于消费者，谁曾听说华为把哪个企业当作竞争对手?

那些眼里心里只盯着竞争对手的人，是没有大格局的，所以才全部退出了历史舞台。

就好像没出息的乞丐总是抱怨别的乞丐抢了施舍者给他的饭，却没有想到，自己能否要到饭，和别的乞丐没有任何关系，只和自己有关。所以他应该把所有精力都用在施舍者身上，用心去揣摩施舍者的心理，而不是总盯着别的乞丐，担心他们会让自己吃不上饭。

公司的发展也是如此，我们没有“挠到”消费者的“痒处”，就别怪他人“挠到”了。而那些能“挠到”消费者“痒处”的，大多时间都在努力提高自己的能力，根本没有时间和精力去管我们在干什么。所以，想要在与商业对手的竞争中获胜，就要更关注我们自己和自己竞争。

7. 抢在变化之前变化

马云说：“我们阿里巴巴在过去的7年里和我本人近10年的创业经验告诉我，懂得去了解变化、适应变化的人很容易成功，而真正的高手还在于制造变化，在变化来临之前变化自己！”

任何抵触、抱怨和对抗变化的不理性行为，都是不成熟的表现，甚至还会让我们付出很大的代价，因为我们不动时，别人在动。而在少数成功者当中，他们也会更冷静地在别人看来是危险、是灾难、是陷阱的变化中找到机会！

阿里巴巴成立五周年时，马云宣布了公司自成立以来最大的一次人事调整，表示公司的战略将从“meet at alibaba”全面跨越到“work at alibaba”。

面对这样的转型，马云做了这样的解释：“‘meet’就是把客户聚在一起，就像做水库，如果养鱼，没什么意思；如果做旅游，还要花费水电。所以，‘meet’的钱都是小钱。‘work’则意味着水库要铺管道，水送到家里要变成自来水，自来水厂赚的钱一定比水库多。我就想着电子商务对每一个中小企业都能像拧自来水一样方便。”

他还表示：“这次人事变动主要是向更专业化的方向调整。我们认为去年、今年和明年是电子商务的一个积累期，到了2008年、2009年必然有一个爆发。因此我们必须抢在这个变化前先变，而不是等到出了问题再去想法解决。这是阿里巴巴保持变革能力的关键。”

马云的这一“变招”，为阿里巴巴赢来了巨大的发展空间，而阿里巴巴也因此迅速成为国际上数一数二的电子商务平台。

在我们的竞争对手做出变化之前，如果我们能快人一步先做出变化，就能在竞争中取得先机。就像加多宝虽然在诉讼中处于下风，但因为它已经提前占领了市场，所以不管之后的路怎么走，至少已经和对手站在了同一起跑线上。但如果我们在竞争中坐以待毙，什么都不做的话，那公司就不会有出路了。

因此，在公司处于发展阶段时，经营者一定不能好高骛远，也不能鼠目寸光。而要在自己能力范围之内做足准备，以保证自己能在变化到来之前先做出变化，在危机来临时有充分转圈的余地来应对风险，在机会到来时也能很好地把握住机会。

即便是在资金和市场的开拓上有很大的掣肘时，我们在思想和意识也要有一定的大局观。如此才能让我们获得更多机会，不至于在一开始就被人牵着鼻子走，显得被动。

在大多数人还没有想到，那些用过的塑料饮料瓶除了回收之外的有何用处时，可口可乐的团队就研发出了16个不同的瓶盖替代品，将空饮料瓶变成各种各样的生活必备品，让废旧饮料瓶从此焕发新的生机。

比如消费者在购买一瓶饮料的同时，还会得到共有16个瓶盖替代品的套装。有了这些瓶盖替代品，废旧饮料瓶就能够变身喷水枪、泡泡机、喷壶、油漆刷、拨浪鼓、洗手液盒，甚至是调味品分配器。

虽然以目前可口可乐在碳酸饮料市场中的地位，早已经过了要靠创意争取更多市场的阶段，但废旧饮料瓶再利用的这一创意一旦获得广泛应用后，同类的竞争对手无疑会面临一场“硬仗”。而这种能给人类生活带来改变的变化，即使很小，也有着不可估量的能量。

在这个科技高速发展的时代里，任何事物都在不断变化，我们想要适应这种变化，就要懂得改变自己。想想看，大家都在变，如果别人改变了，而我们不变，那么就会落后。所以，想要比别人做得更好，就要懂得反思自己，先人一步做出改变。如此，才能让自己的收获比别人多。

就拿李开复来说，他一直是一个高科技行业的从业者，因此面对半年更新一次的各种高科技产品，他更了解变化的意义。所以，他才会经常教导年轻人要学会改变。而且，他不仅在向对方传输理念，还给出了很多具体的方法。

比如李开复认为，想要适应现在的时代，首先要了解这个时代，只有把握住时代的脉搏，才能保证自己不被落下，这就需要了解各种新的资讯。掌握了资讯之后，我们要做的就是对比，对比自己和时代的要求，看看哪些是相合的、哪些是不合的，然后将相合的发扬光大，不合的改掉。

这个过程是一个反思的过程，只有充分利用这个过程，才能够做到在别人改变之前先变。而这些方法，也是李开复个人经验的总结，是他根据自己多年的经历总结出来的，是非常实用的经验。

8. 从宏观角度思考问题，不做井底之蛙

一个家庭主妇买了件衣服，习惯性地跟邻居显摆，结果发现同样的衣服邻居比她少花了20元钱，于是她耿耿于怀，这个人的格局就值20元钱；那只常年生活在井底的青蛙，坚决不相信天空无边无际，觉得鸟儿在说大话，所以它的格局只有井口那么大。想要让自己的格局变大，我们就需要跳出自己所在的“井”，从宏观的角度思考问题。

某公司的老板想要选择一个能从宏观角度思考问题的员工，所以，他给那些获得最终面试资格的求职者们设计了这样一道题：有1998位乒乓球运动员打淘汰

赛，问组织者需要组织多少场比赛。

当时大多数人都准备用 1+2+4+8……这样的思路做下去，只有一位求职者不是很肯定地说："我觉得是 1997 场。"最后他任用了这个员工。

有人不理解，老板解释道："其实这个问题的答案很简单，就是让 1998 个人决出冠军，那就需要淘汰 1997 个选手，而一场淘汰赛淘汰一个选手，所以需要 1997 场比赛。这个问题的关键不是问'如何安排这些场比赛'，而是问'需要多少场比赛'，所有安排上的细节，都可以不考虑。"

这其实就是一种宏观思考问题的方法。所谓"不谋全局者，不足以谋一域"，而"全局"和"一域"之间的关系，我们就可以看做是"大局"和"小局"的关系。但凡从小局出发的人，往往更容易局限在小局之内，只关注小局的发展，结果却扭曲了方向，混乱了成果。

而从大局出发的人，却能先观察好大体的走势，能够从更大、更广的范围中寻找大的机遇，直接看中问题的本质，然后根据全局拟定计划，从而赢得正确的发展。

因此，我们在审视一个问题的时候，只有从战略的、宏观的角度去看待和思考问题，才能进一步开拓我们的视野，做到运筹帷幄，而不至于被眼前的问题牵着鼻子走。

况且，当我们只看得到眼前的"井口"时，很容易就会忽略自己的工作兴趣、理想甚至已有的天赋，从而摈弃掉原本属于自己的舞台，就为了那块只有自己看到的"天空"。只有跳上"井沿"，敢于用自己的学识和才华证明自己的能力，勇于用自己的信心和眼光去挖掘自身潜力的人，才能得到一个资源丰厚、机会良多的发展平台。

在动漫界独树一帜的《火影忍者》很多人都不陌生，其经典和火爆程度，更是不言而喻。这一作品的作者是岸本齐史，他很擅长画忍者系列的动漫。

最开始，他这种大气蓬勃的画风很快获得了主编的认可，并在漫画领域崭露头角。但日本的漫画界竞争激烈，岸本齐史很快就发现，如果只依靠自己最完美的创作来赚钱，是非常不容易的。为了保住自己眼前的这个“井”，他决定依据市场的流行风格去画画。

时间一长，他俨然成了作画的机器。而他再把自己的作品拿给主编看时，对方却失望地摇摇头，“你丢失了自己。”主编这样说。

这番忠告，让岸本齐史开始重新审视自己这几年的状态。他疲于温饱，却丢失了自己，视野变得狭隘，结果被挤在一个快让人看不到的角落里了。为了改变这种状态，他一改之前商业性的画风，像最开始那样去摸索自己的创作风格。

随后几年，他的收入虽然直线下降，但他的坚持最终换来了巨大的成就。随着《火影忍者》的走红，他很快成为亚洲顶级的漫画家之一。

这就是一位年轻人缔造传奇的奋斗史，它更好地向我们说明了一个问题：只看到眼前的人是找不到舞台的。所以，想要登上人生大舞台去续写传奇的人，就要打开自己的格局，千万不要只盯着头上那一小块“井口”看。否则我们的目光只会停留在原地，止步不前，更谈不上什么进步了。

所以，我们需要坚持吸取新鲜营养，学习别人的经验，方能集众家之长，弥补自己的不足，从而不断提升自己的能力。

第十章 大气魄，老板要够霸气

1. 不会发脾气的企业家不是好领导

无论是谁，遇到不顺心的时候，难免会忍不住发脾气，那些身负企业重任的企业家们也是如此。但一流的企业家，却懂得从大格局出发，把脾气发在“刀刃”上。因为发脾气并不是我们的最终目的，而是管理企业、激励员工的重要手段。

俗话说：“人善被人欺，马善被人骑。”这句话其实是有一定道理的，比如我们身为公司的老板，如果只做个“好好先生”，那肯定不能把公司带好。因为一个老板如果表现得非常软弱、非常劣势的话，其员工很可能就不会认真执行老板的命令，更不会有一种雷厉风行的干劲，甚至还会“反客为主”。

一般在一个“非常仁慈”“放手不管”的老板手下干活，员工大都会表现得比较放肆、随意，丝毫不听从公司号令，团队执行力极差，做任何事都拖沓很久。造成这种局面，老板的“温和”难辞其咎。所以，一个好领导决不能没脾气。

这就是“慈不掌兵”的道理，一个有脾气的老板才更具有领导威严，一个令人害怕的领导者才能让下属尊重。这就是为什么很多老板都会有一种“不怒自威”的本事，因为这种来自领导者的强势威严，可以让员工又怕又尊重，使其对老板说的每一句话都为之信服，团队的执行力自然就会提升了。

对苹果的员工来说，已故的苹果创始人乔布斯堪称是“魔鬼”的代言人，他会在会议上大发雷霆，甚至摔椅子，当场开除员工。乔布斯的脾气更是阴晴不定，据说他曾在电梯里偶遇员工，结果出了电梯就把该员工开除了。所以，乔布斯被员工们暗地里起了诸多外号，如“魔鬼”“恐怖分子”等。

一天，苹果工程师托格纳志尼拿出一个抄袭的程序给同事们看。当大家正围在机器旁边说说笑笑时，乔布斯走进来，他面若冰霜地要求他们把程序删掉，各回岗位。乔布斯作风非常强硬，讨厌冗长的讨论或对着“鸡毛蒜皮”的小事争论不休。

苹果的很多员工都曾表示过对乔布斯性格的不满，但他们也承认，如果再让自己选择一次，他们依然会跟随乔布斯干活。

令人畏惧的威严是有魔力的，而那些有脾气的老板，则会被有上进心的下属尊重。也只有喜欢偷懒的下属，才会喜欢“温和派”的领导。

而在现实生活中，有很多企业家都是“有脾气”的人。比如亚马逊的创始人贝佐斯经常喜怒无常，他在发火时前额的青筋暴露，然后整个人都会失去控制，各种难听的话一并而出。还有美国镀金时代的企业家卡内基，他的身材虽然矮小，但一点也不影响他暴怒时所表现的威慑力。

“发脾气”式的管理方式具有一种有效的震慑力，能够激起员工的恐惧感。而从员工的角度出来，不害怕领导，很可能就代表他不在乎，也就意味着他不能全身心地投入到工作中。如此一来，团队的效率自然很差。

当然，老板的脾气不好并不真的要老板整天骂人、发脾气，而是通过一种严厉的手段来展现自己的威严。而事实也证明，在老板严厉的团队中，往往有着更严明的纪律和更高效的执行力，团队氛围也更加和谐。所以，领导者要有点“脾气”，强势一些，对下属恩威并施，才能让他们又服又怕。

2. 对下属狠一点，优秀是“逼”出来的

俗话说得好：“管理不狠，企业命悬。”老板的这种“狠”，是为了出业绩，是为了让公司能决胜于市场竞争的大舞台，是一种大格局的体现。所以说，老板对下属的“狠”，恰恰是对公司、对员工的“慈悲”。因为只有“狠”才能出业绩，才能使公司稳固生存，并有希望做大做强。也正是因为这种“狠”，才能保住自己和员工的饭碗，并为每个人赢来个人发展的契机。

董明珠 1990 年进入格力，其职业生涯并不是一帆风顺的，恰恰是依靠着一股“狠”劲，才让她战胜了种种惊涛骇浪。

比如她在总部担任经营部副部长时，看到部门内部迟到早退、上班喝茶看报聊天的不良风气严重，便开始严抓内勤，把下属训得直掉眼泪，说她“真狠”。但她却依然我行我素，对违反纪律的员工进行了批评和罚款。

据说，她在任期间，公司内部存在一些损公肥私的迹象。面对这种情况，她大胆向公司高层要求管理全部对外财务。当她升任经营部长后，便大刀阔斧地清理欠账，开始全面推行先款后货的销售政策。就连她的亲哥哥想通过关系进货，也被她严词拒绝。为此，她也留下了“六亲不认”的恶名。她的狠劲与强势，甚至让竞争对手带着惧意说：“董姐走过的路都不长草。”

直到 2012 年 5 月，董明珠被任命为格力集团董事长。而在她的狠抓管理之下，格力变得越来越强大，销售额也逐年攀升，成为全球最大的集研发、生产、销售、服务于一体的专业化空调企业。董明珠本人，也在 2015 年被美国《福布斯》杂志评为“亚洲商界 50 位权势女性”中的第 4 人。

董明珠在对下属的管理中，充满了“狠劲”。她不仅敢想敢做，更敢于牺牲和取舍，即便是在他人不支持的情况下，仍然能够坚持自己的初衷，保持冷静从容的姿态。她像一只凶狠的“头狼”一样，坚持例行“强势管理”的原则，才在残酷的市场竞争中战胜强大的对手，并创造出稳固的业绩。

所以，当史玉柱和马云讨论时，才会说出“企业家一定是坏人”这样的话。虽然这种“坏”让企业家不讲情面，管理方式也异常强硬，但在激烈的市场竞争中，企业要想站得住脚，却是非常必要的。

李彦宏就是一个态度强硬的领导者，他个人以高效率著称，他的团队更是以高执行力完成了一个又一个艰难的任务。

比如在2000年的时候，百度技术团的7个人，在北大资源宾馆昏天黑地奋战4个月后，终于顺利完成“为硅谷动力提供搜索服务”的项目。而在这4个月中，百度“七剑客”经常性加班加点甚至通宵达旦，李彦宏更是吃住工作，全部在这里解决。

之后，李彦宏又启动了“闪电计划”，亲自担任组长，不允许团队成员找任何理由休假，也不允许找借口失败，他甚至要求团队成员住在公司里。11个月后，“闪电计划”全面革新了百度搜索技术，让百度搜索在日访问量、日下载量、网页反应速度、内容更新速度等方面，都远远超过了竞争对手。

强势的领导者会对团队进行严格管控，以保障工作任务在执行过程中每个步骤的正确性。这样不仅能极大地缩减失误的发生，还能留下好的结果，有效提高执行力。如李彦宏这般吃住在公司，与技术人员一起奋战的工作方式，既表明了他的决心，又能随时随地管控团队。

另外，老板对下属的“狠”，并不是固执任性、盲目施压，而是要经过通盘的考虑思量，用脑袋做事，多创新、多变革，在有绝对制胜的把握后才加以施行。这就要求我们在做决策的时候，切忌意气用事。即便是“铁血手腕”，也要讲究手法和手段，反复考虑缩小风险和错误的可能性。

而对下属的“狠”，在企业内部主要体现在管理者要严明“军纪”，尽力打造出一支充满战斗力的纪律部队。但这并不代表我们就要变得心狠手辣，像压迫奴隶一样去剥削员工。而是在尊重人性、发挥员工能动性和积极性的前提下，逼出他们的潜能、勇气和决心，让他们在工作时，能够习惯以结果、业绩和公司利润为导向。如此这般，团队才能从脆弱的羊群进化为强大的狼群，使得公司上下一心、目标一致，勇猛向前。

3. 坚守原则，不被商场上的利益裹挟

有人说利益是一把无形的剑，能把我们割得满身伤痕。因此，在面对利益的时候，如果我们没有毅力或动了贪念，那我们以前的努力将会前功尽弃。所以，坚守原则、抵制诱惑才是具有大格局的体现。

在一次分享企业管理的公开讲座中，董明珠讲了这样一件事：

当时，董明珠刚成为总经理，就把技术部门对产品的鉴定和选择权剥夺了，并规定技术部门只能设定标准，没有说用哪一家就用哪一家产品的权力。后来有个 2000 多万的货要发到她那里，因为里面有瑕疵，不符合质量标准，负责的员工就要求退货。结果，那个供应商就雇了三个人堵在该员工的门口，把他给打了。

董明珠知道这件事之后，让该员工马上报案，并通知安全部和他的领导。该员工说："我报告了，但副总说现在这个治安不好，你晚上注意。"董明珠就让治安部的人 24 小时跟在该员工后面，直到事情解决为止。

然后董明珠做了两件事：第一，让这个供应商从此不再给我们配套；第二，把那个副总给免掉了。该供应商还不死心，董明珠却直接霸气回应说："敢打我格力员工，非把你废掉不可！"

面对诱人的利益，很多人都会选择放低自己的底线，面对这种因为受惑于

利益而无法坚持原则的行为，有企业家说：“作为企业领导者，不敢得罪一小部分应该得罪的人，无法放弃应该放弃的利益，就会损害公司的根本利益和长远利益。坚持原则，可能会得罪少数人，减少一时的利益，却能得到大多数人的心，并获得长远利益。”

很多人一提起开公司、办企业，就觉得必须有钱、有关系，甚至必须有特权的支持等。事实上，经营一家公司需要的要素很多，但钱、关系、特权等，绝不是最重要的要素。最重要的是，身为公司的领导者，需要不断培养和锻炼自己经商必须要有的意志和能力。

对此，马云也曾言辞激烈地说过：“对那些躲在背后的网络黑色产业链和希望我们放弃原则的人们，我想说，我们从来不会因为利益而改变自己，我们更不会因为压力而放弃自己的原则！我们将会面对任何挑战，我们宁可关掉自己的公司也不会放弃自己的原则！”

当然，坚持原则并不是一件轻而易举的事情。因为原则的坚持必然会悖逆一些人的愿望，涉及一些人的重大利益。如此一来，肯定会遭到反抗，并遭受到不小的阻碍。所以才会有人觉得“坚持原则就是硬碰硬”，如此说来，其实并非没有道理。

但是，公司要想做大做强，老板就必须要坚持一些他们认为应该坚持的理念和原则。做小企业不易，做大企业更不容易。而与之相对的，坚持自己的原则和信念，就容易得多。

日本有一家有名的染布厂，他们染的布质量很好，甚至会直接供应给日本天皇。由于他们染布的染料是从德国进口的，但在二战期间，因为战乱导致商路不通，使他们无法从德国进口染料。

于是，这家染布厂的老板就去跟天皇说，今年因为没有好的染料，就不能给皇家进贡布料了，并请天皇原谅。他保证说：“战事一旦结束，从德国获得染料后，就会向皇家进贡布匹。”

这个老板担心自己去世后，他的后人会用日本的染料染布，所以他把他的继承人叫来，说：“现在日本的染料技术达不到要求，染布一定要用德国的染料，并且不合格的产品，一定不能出厂。”这个老板还担心他的继承人不听他的话，就当着继承人的面，把所有库存的布料全用剪刀剪成一条一条的。

当这个老板去世后，他的继承人为了让后人记住“我们永远不做不合格的产品”这一原则，特意从剪烂的布料中挑出来一些，把它们挂在厂子的展览厅里。就因为他们一直坚持这一原则，才让自己获得了人们的信赖，甚至后来成为免检产品。

任何企业的领导者，要想让自己的公司获得长远发展，就要坚持原则。因为一家企业只有坚持原则，才能得到别人的信赖，才能继续生存下去。

要知道，“商道即人道”，领导者能否取得成功，很大程度上都取决于这个人做人、做事的方法和原则。始终坚持原则，不被商场上的利益裹挟，这就是领导者本身所具有的宝贵财富。

4. 严惩下属的违规行为，绝不姑息

曾担任广州白云山制药厂厂长的贝兆汉说过：“光团结人、理解人，还不足以治厂，还必须严肃纪律，奖罚分明。所以到了该严肃的时候，我是认真的。”每个公司的团队里都有功臣，有创业元老，这些人的位置非常重要，甚至是团队的支柱。但如果这些人犯了错，该如何处理则是一个令人头疼的问题。

身为老板，如果对功臣所犯的错误进行姑息，就是对其他员工的不公平，所谓“赏罚分明”也会成为笑柄。我们要想做一个赏罚分明的老板，就要从大格局出发，让员工的内心产生公平感，才能达到更好的激励目的。而领导者只有做到办事公正、一碗水端平，做出适时、适当的奖赏，以及适度的惩罚，掌握赏罚的艺术，才能真正做到赏罚公平，才能更出色地打造我们的公司和团队。

阿里巴巴的第一任CEO卫哲，被马云开除了。据说，是因为卫哲的B2B事业部出现了重大的舞弊现象，有2%的员工参与了一系列的造假行为。这直接使阿里巴巴被国际客户投诉，严重影响了阿里巴巴在国际上的声誉。

面对这种情况，作为公司CEO的卫哲却没有及时向马云汇报。是马云在巡视的时候才发现的，立刻引起了他的高度重视和警觉，直接勒令组建专案小组进行详细调查，还向公安机关报了案。

面对这样恶劣的事件，马云决定杀一儆百，直接让公司的CEO、COO引咎辞职，相关涉案人员也一律辞退，该移交司法机关的更是直接移交了司法机关。

赏罚分明所展现的，就是领导者的威严和团队纪律性的统一。所以有过必有罚，就是无论对方是功臣、元老还是新员工，一个领导者必须要维持纪律。西蜀孔明北伐时，马谡因不听他的调动擅自做主，致其败北丢失街亭。虽然马谡才气过人，但为了严肃军纪，诸葛亮还是挥泪斩马谡，并上表请求自贬三等，承担失败之责。从此，蜀军上下再无人敢违抗命令。

但现代社会特别讲究“人情”，导致很多老板经常对犯错之人法外开恩、网开一面。殊不知，这种行为看似有“人情味”，实际上是在破坏制度，是对那些违反制度的员工的纵容，更是在打击那些遵守制度的员工的积极性。

所以，我们对那些违反制度的员工应该按章程办事，从严处理，而不是对其仁慈和宽容。这种惩罚虽然会让人痛苦一时，但绝对是有必要的。

很多公司的老板都觉得，制度是用来约束员工的，是为了让员工去执行。自己位高权重，完全可以凌驾在制度之上。当一个老板有了这种想法之后，他的很多行为就会和公司的制度屡屡发生冲突。结果不仅会让管理者的个人影响力大减，还会造成整个公司执行力低下。

因为老板的行为表现，员工都会看在眼里，记在心上，甚至会直接效仿。所以，老板应该身先士卒，做执行的榜样，如此才能给员工带来积极的影响。

5. 要么领先，要么灭亡

任正非说：“电子信息产业要么领先，要么灭亡，没有第三条路可走。”他表示，在任何一个细分行业中，消费者一般只能记住1～2个品牌，所以，公司一定要成为细分行业中数一数二的领先型企业，否则将很难获得继续生存和发展的机会。

正因为如此，在任正非带领下的华为，才会一直致力于发展成为通信产业全球业界中的最佳企业。用任正非的话说，“当华为公司占领全球的时候，我们才会真正感到光彩”。

2012年2月，独立食品品牌“三只松鼠”诞生。主打生产于原产地的新鲜原果，为消费者提供健康、新鲜的森林食品。上线才65天，其销售就在淘宝天猫坚果行业跃居第一名，花茶行业进入前十名。其创始人张燎原是第一个明确提出互联网食品品牌定位的人，他曾说：“要么选择第一，要么选择灭亡，我们必须卓越。”

据说，在壳壳果上线之初，曾经历过一次严重危机。当时，因为张燎原策划了一次“万人免费试吃”活动，使“三只松鼠”当天的销售额突破100万，暴增的订单让壳壳果的团队不知所措。由于人工、货源的不足，导致快递漏发、错发，从而产生了大量的纠纷和投诉，让壳壳果一下子跌到谷底。

面对这样的情况，要么升级服务体系，要么关门大吉。张燎原选择了前者。为此，壳壳果随即提出了“最新鲜”“无破损”“无漏发”“包满意”“15年专业品质保证”五大品牌承诺。一系列改革措施，让壳壳果在惨淡经营了一个多月后，终于从困境中走了出来。

后来的“三只松鼠”也延续了这种“追求卓越”的风格。比如别出心裁的动漫色彩、与众不同的包装风格、超越顾客期望的细节体验等，让三只松鼠在兵荒马乱的淘宝市场里独树一帜。

“如果你是个正在打造漂亮衣柜的木匠，你不会在背面使用胶合板，即使它冲着墙壁，没有人会看见。”乔布斯语录一直被“追求完美”的人们所推崇，张燎原正是其中之一。而永远的追求卓越，也应该是所有心怀梦想的企业家的共同点。毕竟只有不断提高公司的核心竞争力，把利润最大化作为企业目标，才能让公司的发展能力不断提升。

而公司作为一个商业群体，想要一直领先同行业的其他企业，必须至少拥有两个要素才能活下去，即客户和货源。对此，有著名企业家表示，身为公司的老板，我们必须坚持以客户价值观为导向，不断地提高客户的满意度。

在这个过程中，想要让客户的满意度达到100%，没有其他竞争对手，那是不可能的。所以公司唯一能做的，就是不断提高客户的满意度。比如我们可以针对不同的客户群需求，为其提供实现业务需要的解决方案，并根据这种解决方案，开发出相应的优质产品并提供良好的售后服务。

另外，公司还必须解决货源的低成本、高增值等问题。而解决这一问题的关键，就要求公司必须有强大的研发能力，能够及时、有效地提供新产品。现在IT业的技术换代周期越来越短，如果公司的技术进步慢，那它的市场占有率可能就会很快萎缩。

最初，苹果电脑的开关机时间也很长。乔布斯就跟他的工程师说：“你给我缩短10秒钟。”工程师坚定地表示，以现在的技术根本不可能达到这个标准，如果乔布斯坚持，自己就不干了。乔布斯又问他：“您知道我为什么要让你缩短10秒钟吗？”工程师表示自己不知道。

然后，乔布斯就拉过旁边的白板跟工程师做了个计算：如果全世界有500万人用苹果电脑，那一次关机浪费10秒钟，500万人将浪费多少时间？如果一天关机10次的话，这个数字是多少？如果这些人持续用苹果电脑一年的话，这个数字又是多少？五年又是怎样？最后得出的结果竟然是100个人活到80岁的全部生命时间。

“就因为我们不改进这个工艺，500万个用户用我的电脑，累积起来就浪费掉100个人80岁全部的生命，你不觉得惭愧吗？”乔布斯这样说。工程师惊呆了，说自己从没有想过这个问题，然后立刻改进工艺，使苹果的开关机时间缩短了16

秒。之后，又在乔布斯的要求下不断缩短这个时间，直到今天的3秒。

作为一个完美主义的偏执狂，乔布斯一直殚精竭虑地投入自己所坚信的事业，并持续不断地为用户推出完美的产品，使其在同类行业中领先一步。同时，也让自己成为了一个把工业、资本和艺术完美结合在一起，并全面呈现给众人的大师。

“领先”属于公司的经营理念，我们也可以理解为经营哲学，就是一个公司对公司经营的本质认识。这种经营理念在很大程度上决定了一个公司能走多远、能走多久、能发展到多大规模。所以，老板需要从大格局出发，不断学习和提高，才有机会成为同行业中的领先企业。

6. 对自己狠一点，离成功近一点

柒牌有句广告语叫“男人要对自己狠一点”，现在我们要告诉老板们：“老板要对自己狠一点。”当然，这个“狠”，并不是提倡让各位老板面目凶狠或蛮狠，更不是让老板自己折磨自己。而是要求老板们从大格局出发，对自己的公司负责，创造出公平的竞争环境。

董明珠表示，自己刚刚进入格力的时候，还是一名普通的业务员，连空调是什么都不清楚，但她愿意为之努力，哪怕对自己狠一点。

她讲了一个关于自己的“狠事”，以此来说明“对自己狠一点”的好处在哪里。当时，有个经销商找到董明珠的哥哥，希望通过他拿到货。但董明珠却挂掉了哥哥的电话，然后亲自和经销商确定这件事。事情确认后，董明珠马上做出了停掉这个经销商的供货决定。

哥哥为此埋怨董明珠，但她却觉得这是原则问题，绝不能妥协。她解释道：“当一个人拥有权力时，这个权力不是为你服务。我的经销商写保证书给我，永远不会再找我哥哥，如果所有的商家要通过这个事儿来经营格力，所有的商家如何看格力，以后还怎么做市场？”

由此可见，董明珠能够打造出一个具有神奇色彩的企业，并不是偶然的。比如她能够狠下心来，为公司创造一个公正的竞争环境。因此，身为一个老板，我们的心最好狠一点，而不是一味心软。

但事实却是，很多老板在处理事情上都有优柔寡断、瞻前顾后的毛病。当然，心软的人其实大多都是个好人，但如果过于心软的老板却是要不得的。因为经营公司是有一定游戏规则的，如果我们老是“菩萨心肠”泛滥，无视或经常破坏公司的经营和管理游戏规则，那很可能就会使公司损失原本不该损失的资产。

并且，心太软的老板在处理事情上，经常会出现举棋不定、当断不断、错失机会、对人不对事等弊端。所以，身为老板，心软是要不得的，那是害自己、害公司、害客户、害员工。如果一个人不仅心软，还不幸做了老板，那你最好尽快“心狠”起来，如果做不到也不必勉强自己，比如我们可以另找一个“心狠”的企业执行长，让自己成为公司的名誉老板就行了。

除此之外，“狠”不仅只是一种态度或者表现，还是一种品质和精神，是赋予老板战斗力的思维定势。通过这个过程，老板就能够不断试错、不断验证、不断刷新纪录，并触摸到成功的阿克琉斯之踵。

在一次金融讲座中，威尔逊向大家讲述了一段自己亲身经历过的心理体验。当时威尔逊在以“全美最激进投资策略”著称的WWD资产管理公司担任操盘手，在遭遇2001年纽约股市暴跌时，他觉得世界末日来临了。

他当时说：“股票在一夜间跌到了底点，过去两年时间积累的信心顿时丧失殆尽。我该怎么向客户解释眼前的事实？如何平复他们愤怒的情绪？这还不是最重要的。更重要的是，我几乎失去了面对未来的所有勇气。”

这是威尔逊第一次直面股灾的可怕，很多人都没有做好坦然面对、不受影响的准备。虽然那个时候他清楚地意识到，这也许是一个低价抄底的时机，因为巴菲特正在这么做，但他却没有将这种想法付诸行动的勇气，巨大的恐惧让他停住了自己的步伐。

我们在经营公司中所遇到的每一件事，做出的每一次尝试，都有可能撞到南墙，甚至会输得一败涂地，主要看我们是不是有勇气来承受暂时的失败。

如果我们能抚摸着满是伤痛的胳膊，告诉自己“只要再试几次，这面坚硬的墙壁就会被撞穿”，那我们的诚意必定能打动命运。但如果我们贪图一时的舒适，无法对自己狠下心来，或者惧怕受伤，转身另找出路，那我们可能就会变得很脆弱，甚至轻易就会被困难击倒，从而陷入无法摆脱的困境。

所以说，只是一念之差，但我们的人生却会发生翻天覆地的变化，走向截然不同的方向。况且，我们是准备对自己狠狠心，迈进自己人生的新空间，为自己的公司创造新的起点，去邂逅和见证之前还不敢想象的精彩和奇迹，还是沿着从前的平庸轨迹，继续怯懦无望地活着？这完全取决于我们自己的选择。

7. 风险与机遇并存，敢冒险才有机会

当一个人选择当老板时，就意味着这个人放弃从事其他职业的机会。比如有个大学生原本在公司上班，后来准备辞职创业当老板，对他来说，就面临着两个机会风险。一是现在的工作可以解决温饱问题，一旦辞去，不仅会失去稳定的薪水，连五险一金都没有。二是假如他创业成功，就表示他将拥有自己的事业，与其他还在给别人打工的同学相比，自己算是事业有成，但如果他创业失败，他不仅回到了起点，就连这几年的付出都将白费。

一般情况下，一个有大格局的人，都比较有胆气，觉得即便最后不成也不过是从头再来。而格局小的人，则会显得优柔寡断，既担心失败，又羡慕成

功，所以举棋不定。这种时候，我们就需要有一种魄力，相信风险和机遇是并存的，敢于冒险的人更容易获得机会。

2011年末，刘依云的“野兽派”花店开张了。最初，刘依云只是为了给朋友送一份礼物，所以从市场上买了一些材料做插花。没想到却受到大家的好评，上传微博后，竟然有不少人找她预定。

对于插花，刘依云原本没什么信心，她担心自己做不好。但又想到，在这个“撑死胆大饿死胆小”的世界，自己不过是接几个网上预定的活儿，有人买就多挣分外快，没人买就算了，反正成本也不高。带着这样的心情，她开始在网上接活儿，没想到生意越来越好，就合计着开个花店。

花店开张后，刘依云不仅会根据每个节日推出相应的创意花艺，还特意为客人定制独一无二的鲜花，这让花店的生意非常好。比如她不仅会用特别的盒子装花，还会根据客户的故事为其创作只属于某个人的花朵。有时，会有女孩为闺蜜定花，要求“希望由帅哥捧着一束美丽的花出现，让她惊讶。”还有客人要求“在花束里加入小鸭子”，甚至有位妈妈要求把自己一岁半的女儿装进送给丈夫的花束中……

正如某位著名企业家所说的：“职业经理人都是高智商、高情商，但老板往往是胆量第一。”这话一点也不假，因为职业经理做事往往想得过于通透，难免畏首畏尾。而他们的这种做事风格，很容易和机会擦肩而过。

所以海尔的总裁张瑞敏才会说：“如果有50%的把握就上马，有暴利可图；如果有80%的把握上马，最多只有平均利润；如果有100%的把握才上马，一上马就亏损。”在现代社会中，不敢冒险其实才是最大的冒险，胆量往往是让一个人从优秀到卓越的最关键因素。

比如比尔·盖茨就觉得：冒险是成功的首要因素。他认为如果一个机会没有伴随着风险，这种机会通常就不值得花心力去尝试。所以微软公司非常青睐具有冒险精神的人，他们宁愿冒失败的危险选用曾经失败过的人，也不愿录用一个处处谨慎却毫无建树的人。正因为如此，在微软工作的员工都有一个共识，就是努力去尝试机会，即使成功的把握不大，或者这种尝试带有冒险，但也比不尝试任何机会好得多。

况且，现在的社会形势看似乱云飞渡，其实也充满各种各样的机遇，所谓“福贵险中求”，说的就是这个道理。

约翰·邓普顿是全球投资之父，他是邓普顿基金集团的创始人。他曾经说过：“行情总在绝望中诞生，在半信半疑中成长，在憧憬中成熟，在希望中毁灭。”

在他很小的时候，邓普顿就从父亲那里领略到了投资的奥秘，比如在20世纪20年代，由于美国正处于经济大萧条时期，导致许多农场被迫倒闭，很多农场主就通过拍卖来清偿抵押品。父亲总是守在一旁观望，每当看到拍卖品无人出价时，他就会选择购买下来。

数十年之后，父亲再把这些资产出售给商业和住宅开发商，这时的价钱已经比当初购买时翻了很多倍。受此影响，邓普顿在后来总结了一个让他受益终生的投资原则：“极度悲观原则”，简单来说就是“在无人出价时进场”。

很多企业家之所以能白手打天下，很大程度上就是因为有敢为天下先的超人胆识。要知道，在这个社会上，每天都有许多天才默默无闻地走进了坟墓。而导致他们一生碌碌无为的关键因素，就是他们不敢冒险，没有勇气接受人生的挑战。

殊不知，在我们短暂的人生旅途中，那些所谓的困难和失败根本算不上什么。最重要的是我们曾经放手去拼搏过、尝试过、奋斗过！而据社会学家的预测，未来的社会将会变成一个充满不确定性的高风险社会。如果我们缺乏竞争意识，只是安于现状、不思进取，很可能就会被时代所抛弃，被那些敢于冒险的人远远甩在后面。

8. 永远不要等时机成熟再去做

马云说：“任何行业，不要等到一切条件都成熟后你才去做，因为那时已经没有你的机会了！”著名投资家、领袖型企业家俞凌雄也曾说过：“不要再等待时机成熟，一件事如果有六成的把握就要去做，如果你等到有十成把握，那只能是上帝的事了。机会往往伪装成困难到来。做困难的事，你才能取得真正意义上的进步。”

一名员工向自己的老板报告说：“老板，小布什今天下令攻打伊拉克。根据分析，我们认为明天的石油价格会暴涨，您看我们是否立即买进？”老板却皱着眉头说：“你这人就是不踏实，还没弄明白明天石油是否真会涨价呢，就马上要买进了？那万一明天不涨价的话怎么办呢？我看还是等到明天真涨价了后再说吧。”

等到第二天，石油的价格果然暴涨，老板急忙吩咐员工：“快以每桶 90 美元的价格大量买进！”员工回答：“可是老板，现在石油已经突破 99 美元一桶的大关了呀！”然后员工又接着补充道：“但根据我的分析，我觉得明天石油的价格还会暴涨，所以现在即使以 99 美元一桶的价格买进，我们也不会吃亏的。”

老总又皱着眉说：“我说了多少次了，做人要踏实，可你就是不听！你难道真的能保证明天一定会继续暴涨吗？还是等到明天看明白后再做决定吧。”员工只好讪讪离去。次日，石油的价格继续暴涨，而这个公司依然没能如愿买进。

现实生活中，像上面例子中老板的人比比皆是，当有人动员他们行动时，他们总是回答说：“等弄明白后再说吧”“等条件成熟后再说吧”。他们总是喜欢用“你说得很对，但实际做起来很难”“话是这么说，但还是要看条件”这样的话，作为他们不立即采取行动的合理借口。结果让他们错失良机。

要知道，做事虽然要看条件，但所谓的“条件”却是在动态中不断地变化，并慢慢成熟起来的。如果我们硬要等到时机成熟后再采取行动的话，那等到一切都弄明白时，我们也已经错失机会了。

这就好像我们邀请一个人来合伙开公司，有的人会在掌握基本情况后，就立即凭着良好的感觉积极地加入进来，这种人才是有魄力、有前途、有大局观的。虽然，他们也不一定就能赢，但他们更清楚，在商业上，有100%把握的机会就等于没有机会。

所以，他们才会在只有一丝生机的时候，就勇敢地投入进去。而对这些勇士们来说，他们之所以能够成功，与其说是因为他们拥有超强的能力，还不如说是因为他们身上的那一股冲劲。

10多年前，张可怡一家还住在大院的职工房里，房子的面积虽然不大，但毕竟是职工的福利房，大家也就凑合着住了。后来，张可怡所在的单位申请了一批商品房，价格比市场价低一些，面积虽然合适，但总房款对张可怡她们这样的家庭来说，负担却是不小。

很多人都想着，现在的房子又不是住不下，自己攒的钱也不多，换房子还是等赚够钱后再说吧。张可怡却觉得，现在孩子越来越大，家里肯定会越来越挤，房子最后肯定是要换的，赶晚不如赶早，为了住得舒服些，换了！

张可怡一咬牙拿出了家里的全部积蓄，又跟亲戚朋友借了一些就把房款交了。周围的人对她这种行为议论纷纷，觉得她为了买房借那么大一笔钱简直疯了。

后来房价一路疯涨，张可怡当初买的房子现在已经涨了10多倍。而那些没换房的邻居，到现在也等不到成熟的时机，因为他们的工资永远赶不上房价的飙升。

据说华为刚刚成立的时候，只有7个人，由于受条件的限制，大家只能一起睡在公司的地板上。但就是在这样的条件下，任正非硬是做成了一件又一件非同凡响的事。而他之所以能够一跃而成为大亨，很大程度上就是因为他敢于尝试、敢于领先、敢于争第一。

事实上，任何一个知名品牌，都是由很多个第一慢慢累积而成的。当一家公司能够创造很多个“第一”之后，就有可能慢慢地发展成为知名大企业。而要想争当第一，老板就必定要冒一定的风险。

当然，这也并不代表我们做任何事情，都是只凭着勇气就能做成功，更不是说任何时候都不用等到条件成熟就可以大胆行动。如果真的什么都不顾地莽撞行事，那就不叫“摸石子过河”，而叫“抱着石块过河”了。

什么时候需要耐心等待，什么时候可以大胆行动，我们必须有一个大概的把握。至于如何把握，就需要我们去借鉴以往的经验教训。但凡根据已经掌握的情况和经验，觉得属于应该立即行动的那一类事情，那就不要再等了，立即行动吧。

9. 学会抓大放小，事必躬亲难发展

无论是事必躬亲还是抓大放小，都属于一种管理风格。其中，事必躬亲的老板总是事无巨细，凡事都亲自去做、去抓。这种方式在作为一种调查研究、率先垂范、统揽全局的工作方式时，还属于积极的老板作风。但当其转为主次不分、包打天下、唯我独尊的工作方式时，对公司的长远发展就会显得非常不利，更是一种没有大局观的表现。

大学毕业后，郑清华打算和朋友自主创业。经过几个月的努力，公司已经有了基本雏形。郑清华做事很认真，什么事情都要亲自过目才肯放心。而他和朋友的工作分配量原本差不多，但因为郑清华的能力较强，所以他总是在完成自己的工作之后，还会给朋友一定的指导，让对方也尽快提高效率。

也许就是凭着这股认真劲儿，公司一年后已经发展成了几十个人。员工变多了，郑清华却依然喜欢事必躬亲，比如基础员工培训、购买一台打印机等，大大小小的事务都压在他身上，但他却乐此不疲，觉得这是自己的成绩。

直到有一天，郑清华的朋友走进他的办公室，递上一份辞呈。他一脸茫然，公司明明运作得很好，为什么要辞职？朋友说：“小郑，其实你根本没把我当做

公司的共同创始人，你一直都觉得这是你一个人的事。所以无论是公司决策还是细微琐事，你全都要过目，事必躬亲，而我就像公司的挂名傀儡一样，没有任何存在的价值。”

有很多老板都被“事必躬亲”的观念束缚着，觉得这才是一个企业经营者“勤政”的表现。比如在实际工作中，我们经常看到很多老板每天辛辛苦苦、忙忙碌碌，有些老板不仅要制定决策目标，还要对实现决策目标的具体途径、办法、详细的工作计划等细节一一安排妥当。

然后有些老板就开始“眉毛胡子一把抓”，样样都要争一流、当先进，想要大展身手、大有作为。结果却事与愿违或事倍功半，甚至一事无成。

而一个凡事喜欢事必躬亲，甚至会干涉高管具体负责模块运营的老板，一般只适合做单一的商业模式。否则当公司规模越来越大后，老板自身能力的瓶颈也会越来越明显，最后很有可能会成为团队发展的包袱。

在这种情况下，公司如果想要持续的创新，并和对手抢占市场，就需要把公司的业务模式逐渐从单一型演变为复合型。想要到达这一目的，老板就要敢于授权给骨干员工们，不要过多的干预细节，毕竟老板的主要精力还是在于战略决策上。也就是说，想要成为一个具有大格局的老板，我们就要学会抓大放小，不过多较真，当心态放松后，公司的成长也会比较迅速。

看看马云创造的阿里帝国，最开始不过是单一的B2B业务，刚开始的时候，马云和关明生都管过，并且需要马云亲自到各地去演讲、招商。后来，阿里又逐渐分裂出支付宝、淘宝，后来出现了天猫、菜鸟、阿里云、阿里娱乐等。

面对这些业务，马云不可能全部都精通，更不可能对具体业务发号施令。所以慢慢地，他开始淡出具体业务，把主要精力放在对战略的关注度，以及核心人才的选拔上。

一般阿里确定一个新的业务时，马云都会指定一个人，放手让他大胆地去干。当然，这个人也是有压力的，因为干不好马云就会换人，过去崛起的阿里云、蚂蚁金服等都是如此。

正因为如此，当马云从阿里巴巴的CEO位置上退了之后，尽管还在担任董事会主席，但他好像喜欢上了一种云游四方的生活，开始出现在各种科技论坛和大会上，日子过得相当惬意。对此，小米的CEO雷军可谓羡慕不已，还说："马云似乎每天都很闲。"

马云的这种管理模式，就是典型的"抓大放小"。如此一来，员工就会清楚自己的分内职责，我们做老板也就轻松多了。

这种时候，我们就可以做做报价单、开拓新产品、开发新业务，从大方向上掌握公司运行的节奏。即便老板几天，甚至一连好几天不在公司，也不会有员工偷懒，甚至新来的员工都发现不了老板没来。当一个公司在离开老板后依然可以正常运转时，就表示这个公司的发展是非常健康有序的。

而身为一个公司的老板，我们要想学会"抓大放小"，就要着眼于长远、规划未来，学会统揽全局、协调各方。在这个过程中，我们要先分清哪些事情是自己必须做的，哪些事情是可以由别人来完成的。然后管好自己该管的事，放开该放的活儿。

因为思路决定出路，如果我们的工作没有思路或没有好的思路，就会乱抓一通，从而使我们变得手忙脚乱，结果自然是一事无成。

10. 能者上庸者下，辞退员工绝不手软

海尔集团CEO张瑞敏在谈到如何选人用人时，说过这样一句话："能者上，庸者下，平者让。"就是让有能力的人担当要职，让能力平庸的人离开，让能力一般的人让出重要岗位，从事一般性的工作。这句话不仅是对员工能力和职位匹配的经典概括，让员工可以为公司创造更多价值，更是一种大格局的表现，是选人用人的智慧宝典。

康佳公司在选人用人时，就特别重视“能者上庸者下”的选拔原则。因此，无论员工是一般性的技术员，还是普通职员，无论他们目前处于什么样的岗位，只要公司发现这个员工具有真才实学，有过硬的能力，公司就会把他们放在正确的职位上，让他们有机会发挥自己聪明才智。

而通过“能者上庸者下”的用人机制，康佳公司能很好地调动员工的积极性，并有效提高员工的工作效率。

据说，每年康佳都会把公司的优秀员工作为标杆。不仅会公布出来让其他员工学习，还会对他们进行奖励，并进行相应的提拔。与之相对的，也会将大概5%的“庸才”清理出局，以便给新员工提供合适的机会。

如果我们把一个公司看作是一个小型社会，那“能者上庸者下”的原则，就能很好地体现出社会的公平竞争和优胜劣汰。因此，当公司推行这种用人策略之后，不仅可以充分调动员工的积极性，还能让那些安于现状、不思进取的员工产生紧迫感和压力感，为了不被公司淘汰，他们不得不努力进取。

当然，老板如果想要看清一个员工是能者还是庸者，只看员工的业绩是不够的。比如那种“有才无德”的员工，这类员工虽然有能力，也能为公司创造价值，但公司若不能很好地管理、驾驭他们，那他们很有可能会成为一颗“定时炸弹”，给公司带来巨大的危害。因此，老板在面对这种员工的时候，最好采用“狠”办法。一旦发现他们做出有损公司的事情，也不能心慈手软。

张绍平的公司近期因业务扩展需要，招聘了一个名牌大学的研究生做经理。对方是个扩展业务的好手，曾在政府部门做过秘书，还在某大型房地产公司做过主管，业务能力较强。

但对方到公司没多久，张绍平就发现这个人有很多问题。比如他很喜欢贪公司的小便宜，经常借用公司的奥迪车出去办私事等。为此，张绍平不得不完善公司的办公制度，包括不能在办公室吸烟、公司的车辆不能借给职工、公司的钱财不能借给职工等，希望这样能让对方引以为戒。

本以为他只有这么个小毛病，却发现并非如此。张绍平听到公司有人议论，这个经理利用职权对某个女下属极为照顾，那名女下属的男朋友还因此找到了公司，对公司的风气影响极为不好。

张绍平思考了许久，觉得这个人虽然为公司推动了许多项目，但从长远来看，对公司的发展没有半分好处，甚至还可能为公司带来致命的打击。“这个人不能留了。”他想着。

美国的通用电气公司前CEO杰克·韦尔奇有个“精英论”，在他的理论中，公司所有的员工可以分为三类，即：前面最好的20%；中间业绩良好的70%；业绩最差的10%。对于前面20%的员工，公司会给予物质上的奖赏，以及精神上的赏识和爱惜，因为他们是创造奇迹的人，公司决不能失去他们。

而最后那10%的员工，一般都面临淘汰出局的命运。在韦尔奇看来：“只有这样，才能激发出全体员工的进取心和创造力，在这种氛围中，真正的精英才会产生，企业才会兴盛。”

“10%的淘汰制”虽然看起来很残酷，却有效地成就了通用电气充满活力的氛围。而韦尔奇的“精英论”也告诉我们：一定要学会给员工制造压力，让员工变得积极主动起来。

因为在“淘汰”的威胁下，每个人都会充满危机感，每个工作日都可能会成为他们奋发向上的拼命日。到最后能留下来的，自然就会成为斗志昂扬、能力出众、能为公司创造价值的员工。所以说，这种淘汰机制看似残酷无比，却也是公司和老板不得不做出的选择。

最后我们还要注意一点：在辞退那些必须要离开的员工时，一定要按照《劳动法》的相关规定，给员工做出适当的补偿。

尤其作为一个公司的老板，千万不要觉得“反正是因为他做错事才离开的”“他是因为业绩不好才走的”等，然后想着能省一点是一点。这个时候，如果我们碰上老实的员工，对方可能不会跟我们计较，但万一碰上难缠的员工，对方就可能会跟公司纠缠起来，甚至闹到劳动仲裁部门，这对公司来说，就得不偿失了。